Dr. med. vet. Annette Thomée

Gesunde Katze

Müller Rüschlikon

Einbandgestaltung: Kornelia Erlewein

Titelbild: Sylvia Born, www.sylviaborntierfoto.de

Bildnachweis: Resi Garen-Schäffer / pixelio.de: S. 9; Regina Kaute / pixelio.de: S. 10 unten; ugub / pixelio,de: S. 12; Henrike Domning / pixelio.de: S. 18; Frank Kloock / pixelio.de: S.19; Hans-Dieter Bachmann / pixelio.de: S. 23; Kerstin Schwebel / pixelio.de: S. 29 oben; Gitti Moser / pixelio,de: S. 32; Gerda Müller / pixelio.de: S. 34; twelvedrummers / pixelio,de: S. 39 oben; Susan Hauke / pixelio,de: S. 45; Barbara Adams / pixelio.de: S. 48; ich / pixelio.de: S. 54; atr_jpfuss / pixelio.de: S. 60; Lars Haberl /pixelio.de: S. 61 oben links; L.W. Thiele / pixelio.de: S. 61 oben rechts; Kerstin Schalow / pixelio.de: S. 63; Regine Kaute / pixelio.de: S. 64; Doberriderfrau / pixelio.de: S. 65 oben; Claudia Lampl / pixelio.de: S. 68; Karl Heinz Laube / pixelio.de: S. 75; Ralph Karow / pixelio.de. S. 77; Betty / pixellio.de: S. 84; Günter Havlene / pixelio.de: S. 86;
***Sylvia Born**: S. 3, 4, 5, 8, 14-15, 17, 20, 36, 50, 74, 81, 87, 92, 93; **Dr. Constanze Carstens-Beste**: S. 6/7, 11 unten, 13, 22, 27, 30, 31, 37, 47, 51 unten, 56, 57, 59, 61 unten, 66, 69, 71, 72, 76 unten, 80, 82, 83, 89; **Inge Hübner**: S. 24, 33; **Dr. Annette Thomée**: S. 10 oben, 11 oben, 15 oben, 16, 21, 25, 26, 28, 29 unten, 35, 38, 39 unten, 40, 41, 42, 44, 46, 49, 51 oben, 52, 53, 55, 58, 62, 65 unten, 67 oben, 70, 76 oben, 78, 79, 85, 88, 90*

Alle Angaben in diesem Buch wurden nach bestem Wissen und Gewissen gemacht. Sie entbinden den Katzenhalter nicht von der Eigenverantwortung für sein Tier. Für einen eventuellen Missbrauch der Informationen in diesem Buch können weder die Autorin noch der Verlag oder die Vertreiber des Buches zur Verantwortung gezogen werden. Eine Haftung für Personen-, Sach- und Vermögensschäden ist ausgeschlossen.

ISBN 978-3-275-01839-0

Postfach 103743, 70032 Stuttgart
Ein Unternehmen der Paul Pietsch Verlage GmbH & Co. KG
Lizenznehmer der Bucheli Verlags AG, Baarerstr. 43, CH-6304 Zug

1. Auflage 2012

Sie finden uns im Internet unter www.mueller-rueschlikon-verlag.de

Lektorat: Claudia König
Innengestaltung: Kornelia Erlewein
Druck und Bindung: KoKo Produktionsservice, 70900 Ostrava
Printed in Czech Republic

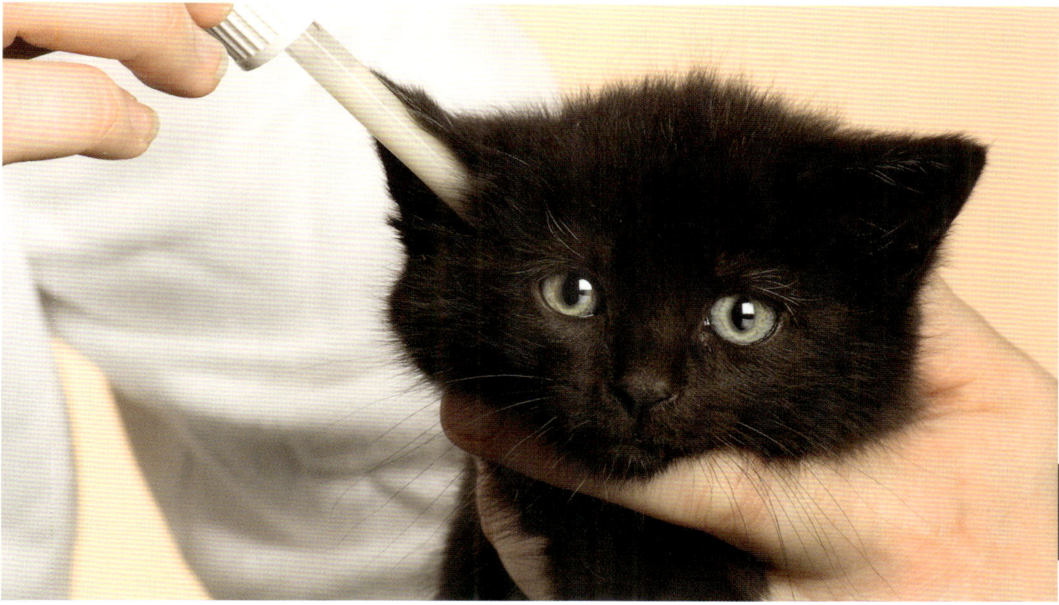

Früh übt sich ... der Tierarztbesuch.

Inhalt

Wie und woran erkenne ich, dass meine Katze gesund ist? Sicherlich einmal anhand ihres äußeren Erscheinungsbildes. Glänzt ihr Fell oder ist es struppig? Man sagt nicht umsonst: »Das Fell ist der Spiegel der Gesundheit.« Darüber hinaus aber auch aufgrund physiologischer Daten und eines Gesundheitschecks in der Tierarztpraxis. Die wichtigsten Hinweise auf den Gesundheitszustand meines Tieres erhalte ich beim täglichen Umgang mit ihm, beim Spiel, durch Beobachtung der Futteraufnahme, bei der Pflege und nicht zuletzt auch beim Reinigen der Katzentoilette.

Dieses Buch gibt Ihnen einen Überblick über die häufigsten Katzenkrankheiten sowie einige nützliche Gesundheitstipps. Es ersetzt aber mit Sicherheit nicht den Besuch beim Tierarzt, sollte Ihrem Liebling etwas fehlen, und erhebt auch keinen Anspruch auf Vollständigkeit.

Alles Gute für Ihre Katze wünscht

Dr. med. vet. Annette Thomée

Kapitel 1

Gesundheitliche Aspekte bei der Anschaffung einer Katze

Schon bei den Anschaffungsüberlegungen eines Tieres sollte die Gesundheit nicht außer Acht gelassen werden. Wohin tendiere ich bei der Anschaffung meines neuen Hausgenossen/meiner neuen Hausgenossin? Soll es eine »normale« Hauskatze oder eine Rassekatze sein?

»Normale« Hauskatze oder Rassekatze
Vom Züchter oder aus einer Familie?
Vom Bauernhof oder aus einem Tierheim?
Reine Wohnungskatze oder Freigänger

Maine Coon- und Karthäuser-Kitten

Eine gesunde und sich rund um wohlfühlende Katze.

Das ist natürlich nicht zuletzt auch eine Frage des Geldbeutels. Möchte ich einen Freigänger oder eine reine Wohnungskatze, einen Katzenwelpen oder ein ausgewachsenes Tier, eines vom Züchter, aus der Familie, vom Bauernhof oder aus dem Tierheim?

Neige ich zu einer reinen Wohnungskatze, macht es wenig Sinn, sich ein Energiebündel anzuschaffen, dem man letztlich nicht gerecht werden kann.
Bei einer Rassekatze haben wir bestimmte angezüchtete Merkmale und sind bei entsprechender Auswahl weitgehend sicher, dass sie sich in der Wohnung wohlfühlt. Natürlich müssen die Rahmenbedingungen für ein Tier stimmen, das ausschließlich in der Wohnung gehalten wird. Es muss für Beschäftigungsmöglichkeiten gesorgt werden.
Aber Vorsicht, auch hier gibt es ausgesprochen temperamentvolle Tiere, die gerne einmal die Wohnung »auf links« drehen. Ausnahmen bestätigen die Regel, und immer nur ruhig ist auch langweilig. Beim Kauf einer sogenannten »Plattnase« (z.B einer Perserkatze) sollte darauf geachtet werden, dass der Nasenstopp nicht zu gering ist, sonst haben diese liebenswerten Hausgenossen ihr Leben lang Probleme mit der Atmung.
Bei Katzen, die im Haus leben, sei es als reine Wohnungskatzen oder als Freigänger, dürfen die

Eine liebenswerte Plattnase, die aber häufig unter Atemnot leidet.

Fenster nicht offen stehen und der Balkon ist mit einem Netz zu versehen. Katzen sind neugierig, verfügen über einen ausgesprochenen Spieltrieb und »fliegen« häufig einem Vogel hinterher. Auch Insekten wollen gefangen werden. Die Gefahr wird vom Stubentiger nicht gesehen, was in der Natur der Sache liegt.

Schon so mancher Katze sind offene Fenster und Balkone zum Verhängnis geworden. Dabei ist es immer wieder erstaunlich, dass bei Stürzen aus großer Höhe (2. oder 3. Stockwerk) weniger passiert, als bei einem Fall aus ein oder zwei Metern Höhe.

Ganz gefährlich ist es, das Fenster auf »Kippe« zu stellen, wenn die Katze unbeaufsichtigt in der Wohnung ist. Die Katze könnte versuchen, an die frische Luft zu gelangen und im Fenster hängen

Das gekippte Fenster stellt eine nicht zu unterschätzende Gefahr für die Tiere dar.

bleiben. Je nachdem, wann der Besitzer das Tier findet, kann es für die Katze im schlimmsten Fall zu spät sein. Es entstehen in der Regel Quetschungen im Lendenwirbelsäulenbereich, die zu Querschnitts-, Darm- und Blasenlähmungen führen können und nicht immer reversibel sind.

Einen gesundheitlichen Vorteil bei den Rassekatzen sehe ich darin, dass ein Großteil der Züchter die Elterntiere und zum Teil auch schon die Welpen auf die wichtigsten Viruserkrankungen wie z.B. FIV (Katzenaids), FeLV, (Katzenleukose) und FIP (Feline infektiöse Peritonitis) testen lässt. Darauf sollte auf jeden Fall beim Kauf einer nicht ganz billigen Rassekatze geachtet werden. Aber auch viele Tierheimkatzen sind bereits getestet, um die hier sitzende Katzenpopulation gesund zu erhalten. (Weitere Informationen zu diesen

Wir lassen uns nur ungern fotografieren und sind nur zum Fressen hier.

Virusinfektionen siehe S. 50 ff) Vor der Anschaffung eines Katzenwelpen macht es Sinn, sich, soweit das möglich ist, beide Elterntiere anzuschauen. Dies gilt insbesondere, wenn das Kleine von einer Freigängerin stammt oder einer ganz frei lebenden Katze,

So ein Sonnenbad ist doch was Feines: »Stört mich bitte nicht.«

z.B. von einem Bauernhof. Natürlich gilt dies auch für Tiere vom Züchter oder aus dem Tierheim.
Achten Sie sowohl beim Muttertier als auch bei den Welpen auf das Fell. Ist es glatt und glänzend? Hat die Katze »Mitbewohner«, Flöhe oder Haarlinge, eventuell einen Pilzbefall?
Wie sehen die Augen aus? Sind vielleicht Eintrübungen der Hornhaut vorhanden, tränen sie oder liegt sogar eitriger Augenausfluss vor? Ist die Nase trocken oder »schnoddert« die Katze? Hier kann es sich sowohl um einen harmlosen, erkältungsbedingten Katzenschnupfen handeln, aber auch um eine ernstzunehmende ansteckende, virus- oder bakteriell bedingte Erkrankung. Sogar eine Immunschwäche ist denkbar. Ein weiterer Punkt, auf den geachtet werden muss, ist das Gewicht des Katzenwelpen. Wie sieht das Fell um den After herum aus? Ist es verklebt? Letzteres wäre ein Hinweis auf Durchfall, eventuell durch einen Wurmbefall bedingt. Auch die Ohren sind in diesem Zusammenhang wichtig. Ohrmilben sind insbesondere bei Freigängern keine Seltenheit und bedürfen einer Behandlung.
Ist jemand der Meinung, für Katzen wäre nicht viel Zeit aufzuwenden, liegt er falsch. Auch sie benötigen täglich Aufmerksamkeit, Zuwendung, Bewegung und sozialen Kontakt über das Spiel, Pflege und einiges mehr. Insbesondere für reine Hauskatzen muss man sich kontinuierlich Zeit nehmen, sollen sie nicht verkümmern. Freigänger haben es etwas einfacher, sie erfüllen ihren Bewegungsdrang draußen beim Jagen, bei Streitigkeiten mit anderen Katzen und beim Spielen. Sie liegen aber auch gerne mal nur faul in der Sonne, beobachten Vögel und Insekten. All das, was reinen Hauskatzen fehlt. Freigänger leben vielleicht gefährlicher, z.B. aufgrund von Verkehrsunfällen oder Prügeleien mit anderen Katzen, dafür aber artgerechter. Eine Katze, die man

Mir gefallen meine neue Umgebung und meine neue Familie.

nur in der Wohnung hält, ohne ihr die entsprechende Zuwendung und Bewegung zu verschaffen, leidet, auch wenn die Katze an sich sehr selbständig ist. Das Immunsystem wird geschwächt, sie ist unglücklich – und damit auch krankheitsanfälliger. Alles Fakten, die vor der Anschaffung einer Katze zu bedenken sind.

Entscheidet man sich für eine reine Wohnungskatze, liegt es nahe, eine Rassekatze oder zumindest eine junge Katze auszuwählen. Sie sollte noch nicht den Duft der großen weiten Welt geschnuppert haben, damit sie in der Wohnung nicht unglücklich wird. Es eignen sich aber durchaus auch ältere Tiere, z.B. Tierheimkatzen, für die

Noch traue ich keinem, ich schaue mir das erst einmal an.

Wohnungshaltung, wenn sie diese Lebensform gewohnt sind. Viele Katzen haben nicht das Bedürfnis, die Wohnung zu verlassen, häufig aufgrund schlechter Erfahrungen.
Es sollte versucht werden, dies über die Vorbesitzer oder das Pflegepersonal abzuklären. So schützt sich der neue Katzenbesitzer vor unliebsamen Überraschungen wie Unsauberkeit, Zerkratzen der Möbel und Tapeten.

Wir bekamen vor Jahren eine total ausgemergelte Fundkatze. Sie wurde von uns behandelt, aufgepäppelt, kastriert und heiß und innig geliebt. Da sich niemand meldete, blieb sie als Klinikkatze bei uns. Obwohl sie rein und raus konnte, hatte sie nie das Bedürfnis, die Klinik zu verlassen. Gelangte sie aber aus Versehen an die frische Luft, bekam sie fürchterliche Panik und damit massiven Stress. Sie fühlte sich drinnen eindeutig sicherer und wohler.
Jeder Umzug in eine neue Umgebung bedeutet für das Lebewesen, ob jung oder erwachsen, Stress. Er belastet das Immunsystem und macht damit das Tier anfälliger für Erkrankungen. Deshalb sollte dem Tier die Eingewöhnungsphase so weit wie möglich erleichtert werden. Alles ist fremd und es kann passieren, dass sich der neue Hausgenosse erst einmal verkriecht. Nun sind Ruhe und Geduld angesagt. Sicherlich leichter gesagt als getan. Aber Vorsicht, man kann jetzt viel falsch machen. Die Katzen beobachten uns ständig, sind sehr neugierig. Wenn sie zu dem Schluss kommen, dass es für sie ungefährlich ist und sie uns trauen können, erscheinen sie von selbst. Es sollte vermieden werden, sie unter Zwang hervorzuholen. Stellen Sie zu Beginn nur Futter hin – und warten Sie ab!

Durch Futterumstellung und Aufregung können auch Durchfälle auftreten. Häufig schmeckt das gewohnte Futter nicht mehr, obwohl es das Gleiche ist. Es fehlen die Wurfgeschwister, und damit der Futterneid.

Kapitel 2

Physiologische Daten der gesunden Katze

Körpertemperatur:	38–39,0° C
Atemfrequenz:	20–40 Atemzüge pro Minute
Pulsfrequenz:	110–130 Schläge pro Minute
Geschlechtsreife:	ab 5.–7. Monat
Rolligkeit:	in der Regel 1–3 Tage, alle 2–3 Wochen
Trächtigkeitsdauer:	durchschnittlich 63–69 Tage

Körpertemperatur

Die Körpertemperatur liegt bei der Katze zwischen 38–39,0° C. Eine trockene Nase oder heiße Ohren sind kein sicheres Zeichen für Fieber. Es muss, wenn eben möglich, gemessen werden. Anders ist es bei starkem Hecheln in Ruhe, ohne Aufregung, hier kann eine Temperaturerhöhung durchaus eine Rolle spielen. Zu berücksichtigen ist, dass die Temperatur durch Aufregung, Stress, z.B. in der Tierarztpraxis, schnell einmal nach oben klettern kann. Es ist ratsam, die Temperatur zu Hause noch einmal nachzumessen, wenn die Katze sich beruhigt hat. Dies erfolgt mit einem normalen Fieberthermometer. Zu empfehlen sind Thermometer, die im Quecksilberbereich nicht starr, sondern beweglich sind. Sie erhalten

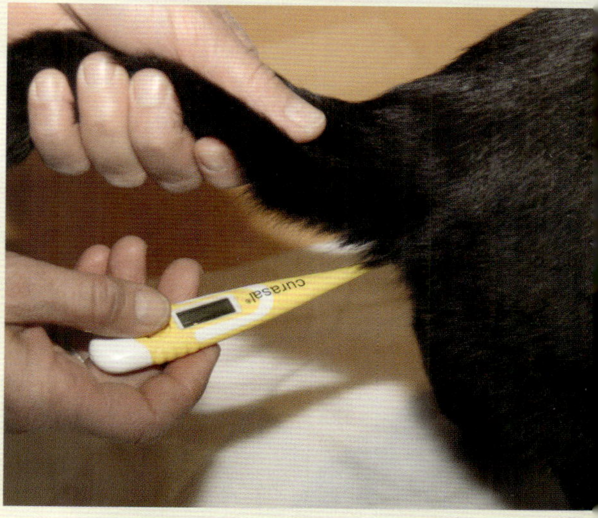

Die Körpertemperatur wird bei der Katze rektal gemessen.

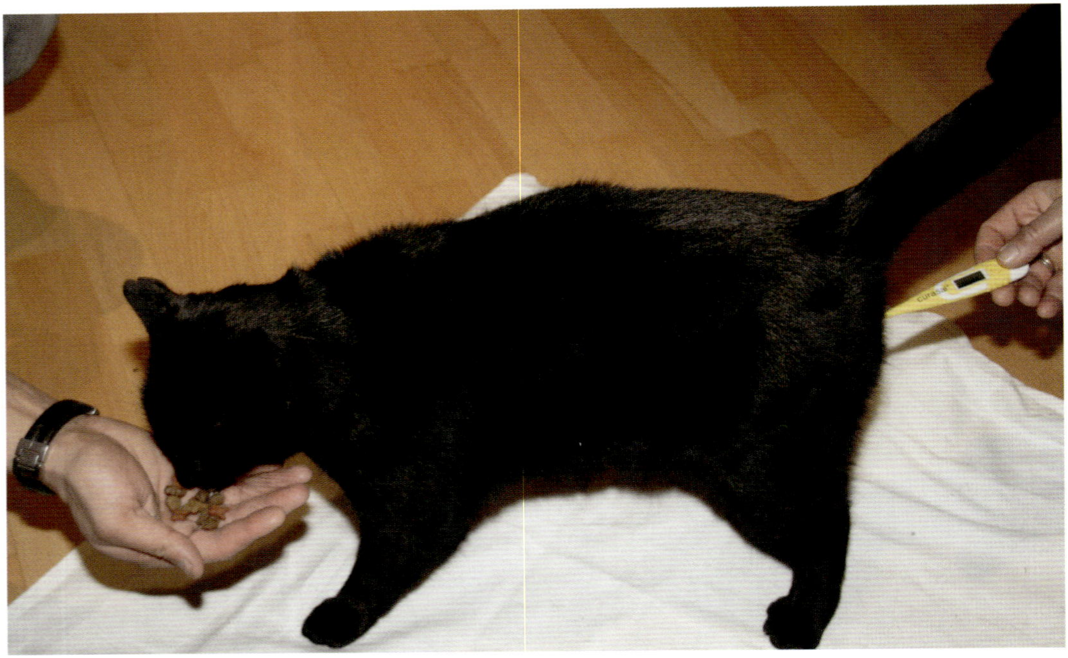

Unter Ablenkung lässt sich die Körpertemperatur einfacher messen.

diese in einer Tierarztpraxis. Gemessen wird rektal (im After). Dabei sollte die Katze gestreichelt werden und abgelenkt sein. Auf keinen Fall sollten Sie den Hausgenossen zu stark festhalten. Manchmal geht es besser, wenn man die Katze während des Messens füttert.

Katzen mögen keinen Zwang. Mit Ruhe und Geduld erreicht man aber eine ganze Menge. Wenn der Hausgenosse das Fiebermessen gar nicht toleriert, lässt man es besser, bevor es auf beiden Seiten Verletzte gibt. Katzenbisse infizieren sich durch die kleinen Öffnungen und den schnellen Verschluss der Wunde häufig und sind recht schmerzhaft. Sowohl Kratz- als auch Bisswunden sind sofort zu desinfizieren. Katzenbesitzer sollten generell ihre Tetanusimpfung nicht vernachlässigen.

Atemfrequenz

Sie erkennt man am besten am Heben und Senken des Brustkorbs, wenn die Katze auf der Seite liegt. Bei starkem Hecheln des Tieres ist die genaue Höhe der Atemfrequenz schwierig festzustellen.

Herz- und Pulsfrequenz

Was für die Temperatur gilt, gilt auch für die Herz- und Pulsfrequenz. Ist die Katze aufgeregt oder gehetzt worden, liegen beide höher und sollten im Ruhezustand nochmals kontrolliert werden. Die Herzfrequenz kann durch Ertasten des Herzspitzenstoßes im 3. und 4. Interkostalraum (Rippenzwischenraum) bestimmt werden. Dazu umfasst man den Brustkorb von unten mit einer Hand. Die Pulsfrequenz wird durch Ertasten der Vena femoralis, die mittig im Innenschenkel liegt, kontrolliert. Dies sollte mit etwas Übung gut gelingen. Einfach einmal ausprobieren, man bekommt sehr schnell ein Gefühl dafür.

Bin ich nicht schick?

Geschlechtsreife

Die Geschlechtsreife tritt in der Regel zwischen dem sechsten und siebten Lebensmonat ein, aber keine Regel ohne Ausnahme. Sie kann bei frühreifen Tieren schon einmal mit dem fünften Monat eintreten. Andererseits aber auch bei Spätentwicklern erst mit einem Jahr oder später.

Rolligkeit

Die erste Rolligkeit erfolgt bei der Kätzin meistens zwischen dem sechsten und siebten Lebensmonat. Sie wiederholt sich, kommt die Katze nicht mit einem Kater zusammen und wird trächtig, in Abständen von zwei bis drei Wochen und dauert jeweils ein bis drei Tage. Meistens ist die Katze zunächst sehr anhänglich, wird dann aber zunehmend aggressiv, insbesondere gegenüber Artgenossen. Während des Östrus (Brunst) rollt sie sich über den Boden und schreit erbärmlich, krümmt den Rücken auf und nimmt die Rute zur Seite.

Auf einen frisch gebackenen Katzenhalter, der dies zum ersten Mal erlebt, wirkt das Verhalten durchaus beängstigend. Es kommt schon vor, dass in solch einem Moment manch einer die Telefonnummer der nächsten Tierarztpraxis raussucht. Ich kann nicht mehr sagen, wie häufig ich nachts wegen einer rolligen Katze geweckt wurde. Aber keine Angst, der Spuk vergeht von selbst. Es sei denn, es kommt zu einer Dauerrolligkeit. Jetzt sollte, wenn es sich nicht gerade um eine Zuchtkatze handelt, über eine Kastration nachgedacht werden.

Zwei ca. 14 Tage alte handaufgezogene Katzenbabys.

Trächtigkeitsdauer

Die Trächtigkeitsdauer einer Katze liegt bei ca. 63 bis 69 Tagen und variiert somit stärker als beim Hund. Einige Rassekatzen liegen an der oberen Grenze. Ich habe schon normale Geburten und gesunde Katzenbabys am 57., aber auch am 71. Tag erlebt. Aber Vorsicht, nicht zu lange warten, wenn eine Geburt ansteht. Nichts ist deprimierender als ein Kaiserschnitt mit toten Welpen.

In der Regel verläuft die Trächtigkeit problemlos, selten kommt es zu Komplikationen wie Ausfluss, Zwischenblutungen oder Fehlgeburten. Erst gegen Ende der Trächtigkeit ist die Beweglichkeit durch Gewichtszunahme bei einigen Katzen erheblich eingeschränkt. Die Früchte drücken auf den vollen Magen, die trächtige Kätzin erbricht häufiger und zeigt zunehmende Bewegungsunlust.

Der Zahnwechsel

Die ersten Zähnchen (Schneide- und Eckzähne) sind im Alter von vier Wochen zu erkennen. Mit ca. zehn bis zwölf Wochen ist das Milchgebiss komplett. Der Zahnwechsel verläuft bei den Katzen meistens unproblematisch. Eventuell wird er begleitet von leicht erhöhter Temperatur oder von zögerlicher Futteraufnahme. Er beginnt mit den Inzisiven (Schneidezähnen) und ist mit sechs Monaten abgeschlossen.
Die kleinen ausgefallenen »Mäusezähnchen« findet man selten. Eine Altersbestimmung anhand der Zähne ist bei älteren Katzen äußerst schwierig. Die Gebissentwicklung ist stark von Aufzucht, Ernährung und Gesundheitszustand des Tiers abhängig. Ist der Zahnwechsel erst einmal abgeschlossen, sind die kleinen spielerischen Beißattacken durch den Wegfall der spitzen Mäusezähnchen weniger schmerzhaft und die zerkratzen Hände heilen ab.

Krallenwetzen – das ist in der Wohnung, beispielsweise an den schönen Tapeten, unerwünscht.

Kapitel 3

»Mitbewohner« – diverse Parasiten

Häufig leiden Katzen unter Mitbewohnern, die ihr Wohlbefinden beeinträchtigen und nicht selten zu ernsthaften Gesundheitsschäden führen. Betroffen sind hier vorwiegend Freigänger und frei lebende Katzen.

Endoparasiten
- *Würmer (Rund- und Bandwürmer)*
- *Protozoen*
- *Giardien*
- *Kokzidien*
- *Toxoplasmen*

Ektoparasiten
- *Flöhe*
- *Zecken*
- *Mykosen*
- *Milben*

Endoparasiten

Bei den Endoparasiten handelt es sich um »Schmarotzer«, die in den Organen der Katze leben und nicht nur dem Tier die Nährstoffe streitig machen, sondern zu erheblichen Schäden in den einzelnen Organen führen. Nicht zuletzt aber können sie auch für den Menschen gefährlich werden.

Würmer

Es wird unterschieden zwischen Rund- und Bandwürmern. Diese Trennung ist auch für den Halter wichtig, da es unterschiedliche Wurmpräparate gibt, einerseits nur für Rund-, andererseits nur für Bandwürmer. Natürlich stehen auch Mischpräparate zur Verfügung, deren Einsatz aber nicht immer sinnvoll ist. Ferner sind die Behandlungsintervalle bei den einzelnen Wurmkuren unterschiedlich. Bei den Rundwürmern sind insbesondere die Spulwürmer für den Menschen gefährlich. Sie können unter anderem zu Zystenbildungen in der Leber führen. Die Gefahr ist bei Beachtung normaler hygienischer Maßnahmen und der Verabreichung regelmäßiger Wurmkuren zwar gering, sollte aber nicht außer Acht gelassen werden.

Bei den Bandwürmern hingegen ist es der Fuchsbandwurm, der eine gesundheitliche Bedrohung für den Menschen darstellt. Hierauf näher einzugehen, würde allerdings ein Kapitel für sich beanspruchen. Bandwürmer benötigen einen Zwischenwirt. Katzen infizieren sich meistens über Mäuse oder Flöhe, selten über rohes Fleisch oder Fisch.

Sollten Würmer in der Katzentoilette entdeckt werden und nicht sicher zu bestimmen sein, macht es Sinn, den Kot untersuchen zu lassen. Rundwürmer sehen spaghettiartig aus, sie sind häufig sechs bis acht Zentimeter lang, deutlich länger als Bandwurmglieder. Letztere haben nur eine Länge von ca. einem Zentimeter und sind flach. Eingetrocknet sehen sie wie Reiskörner aus und kleben, lebend oder eingetrocknet, häufig um den After herum im Fell des befallenen Tieres. Kein sehr appetitlicher Anblick.

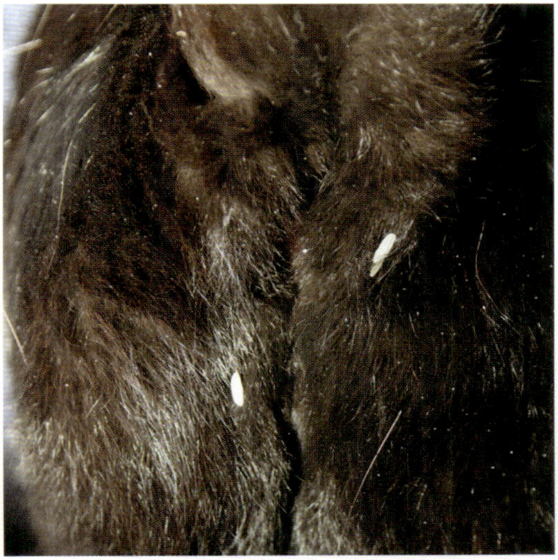

So sehen im Fell hängende Bandwurmglieder aus.

Bei starkem Wurmbefall können sowohl Spul- als auch Bandwürmer vom befallenen Tier erbrochen werden.
Beim Erwerb einer Katze, ob jung oder alt, sollte die letzte Wurmkur erfragt oder sicherheitshalber sofort eine neue verabreicht werden, insbesondere vor der Impfung.

Klinische Symptome

Ein Wurmbefall ist häufig gekennzeichnet durch immer wiederkehrende Durchfälle. Besonders Katzenwelpen und Jungtiere entwickeln sich nicht richtig, sind mager, ihr Fell ist glanzlos und struppig. Es kommt zu einer Immunschwäche, häufig mit weitreichenden Folgen.

Nachweis

Der Nachweis erfolgt über eine Kotprobe, möglichst von drei verschiedenen Häufchen. Sie können in ein und dasselbe Behältnis gegeben werden. Es reicht jeweils ein haselnussgroßes Stück. Entsprechende Behältnisse erhalten Sie in Ihrer Tierarztpraxis oder Apotheke.

Behandlung

Sie erfolgt über ein entsprechendes Wurmpräparat (siehe vorbeugende Maßnahmen).

Vorsicht: Ich bin zwar noch ein Baby, aber meine Krallen sind schon recht gefährlich.

Protozoen (Einzeller)

Giardien

Die Giardiose ist eine durch Flagellaten (Geißeltierchen) hervorgerufene Parasitose. Sie führt häufig zu Durchfallerscheinungen. Bei erwachsenen Tieren treten seltener Symptome auf, die Erkrankung verläuft hier meistens latent (symptomlos). Bei Jungtieren kann sie aber erhebliche Verdauungsstörungen zur Folge haben. Es kommt zu wiederkehrenden und häufig behandlungsresistenten Durchfällen, demzufolge zur Abmagerung bis hin zur Auszehrung (Kachexie) und zum Flüssigkeitsverlust bis hin zur Austrocknung (Exsikkose). Die Giardien parasitieren im Dick- und Dünndarm, sie werden mit dem Kot ausgeschieden. Eine Übertragung erfolgt über die Mundhöhle (per os), z.B. beim Kontakt mit dem Kot infizierter Tiere (direktes Belecken, Durchlaufen und Ablecken der Pfoten usw.). Inwieweit die Ansteckung über kontaminiertes Wasser oder z.B. Vögel möglich ist, steht zur Diskussion.

Nachweis

Der Nachweis dieser Geißeltierchen erfolgt ebenfalls über Kotproben. Es sind häufig mehrere Proben notwendig, die möglichst zeitnah nach deren Absatz untersucht werden sollten. Auch ein Darmabstrich ist zum Nachweis denkbar, aber nur ein positives Ergebnis ist wirklich aussagefähig.

Behandlung

Einen Behandlungsplan und Medikamente erhalten Sie über Ihre tierärztliche Praxis. Die Behandlung ist häufig langwierig, homöopathische und pflanzliche Mittel sind nicht erfolgreich.

Vorbeugende Maßnahmen

Die Giardienzysten sind außerhalb des Tiers sehr widerstandsfähig. Nicht alle Desinfektionsmittel wirken. Geeignete Mittel besorgt man sich am besten über eine Tierarztpraxis und desinfiziert insbesondere die Katzentoiletten.

Kokzidien

Katzen infizieren sich über Beutetiere, aber auch über rohes Fleisch. Kokzidien führen insbesondere bei Jungtieren zu schleimigen Durchfällen, häufig mit Blutansammlungen. Das Fell der befallenen Katzen ist glanzlos und struppig, ihr Immunsystem gestört. Die Tiere magern ab und zeigen Flüssigkeitsmängel. Todesfälle sind selten, kommen aber vor.

Nachweis

Mikroskopische Kotuntersuchung.

Behandlung

Die Behandlung erfolgt mit Sulfonamiden über fünf bis sieben Tage und muss nach 14 Tagen wiederholt werden. Vitamine sollten während der Behandlungsintervalle nicht gegeben werden, da diese auch die Kokzidien unterstützen. Homöopathische Präparate zur Unterstützung des Immunsystem sind aber förderlich.

Toxoplasmose

Diese Erkrankung verläuft bei der Katze meistens ohne klinische Symptome und wird durch Toxoplasma gondii verursacht. Toxoplasma gondii ist weltweit verbreitet und für Menschen durchaus gefährlich, insbesondere für Schwangere und deren ungeborene Kinder. Allerdings ist die Gefahr der Toxoplasmose-Ansteckung für den Menschen wesentlich größer durch den Verzehr von rohem Fleisch und Fisch oder den Genuss halbgarer Hamburger als durch eine Katze.

Die Oozyten (unreife Eizellen), die sich im frischen Katzenkot befinden, benötigen zwei bis drei Tage, um infektiös zu werden. Die regelmäßige Reinigung der Katzentoilette ist eine der sichersten vorbeugenden Maßnahmen. Das Säubern der Katzentoilette sollte Schwangeren nicht überlassen werden. Wenn es doch unbedingt sein muss, dann sollten sie das nur mit Handschuhen erledigen. Sicherheit geht vor, es darf

Neben Flöhen sind Mäuse die häufigste Infektionsquelle mit Bandwürmern.

kein unnötiges Risiko eingegangen werden. Es gibt die Möglichkeit, die Katzen anhand einer Blutuntersuchung auf Toxoplasmose-Antikörper zu testen. Ein positiver Titer heißt aber nur, dass die Katze mit dem Erreger einmal in Berührung gekommen ist, nicht, dass sie eine Infektionsquelle darstellt. Besser lässt man in diesem Fall eine Kotuntersuchung durchführen. Dabei sollte Kot von mindestens drei verschiedenen Häufchen genommen werden, um sicher zu gehen, dass die Katze kein Ausscheider ist. Die Katze selbst infiziert sich über Mäuse oder rohes Fleisch.

Ich fühle mich in der Wohnung so richtig wohl.

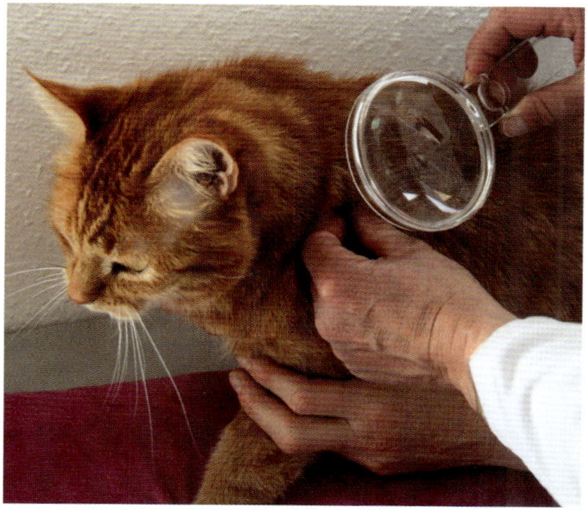

Manche Ektoparasiten, z.B. Läuse, erkennt man mit Hilfe einer Lupe.

Klinische Symptome

Die Erkrankung verläuft bei älteren Katzen häufig symptomlos, manchmal kommt es zu leichten Durchfällen, Fieber und Schwellungen der Lymphknoten. Anders ist es bei jungen Tieren, insbesondere bei einem akuten Verlauf. Neben Fieber treten Symptome wie Husten, Durchfall, Leber- und Herzmuskelentzündungen und Bewegungsstörungen aufgrund einer Gehirnentzündung (Encephalitis) auf. Todesfälle können bei Welpen die Folge sein.

Nachweis

Der Nachweis erfolgt über eine Kotprobe und serologische Untersuchung (Blutuntersuchung). Letztere sollte nach acht bis vierzehn Tagen wiederholt werden, um festzustellen, ob es sich um eine frische Infektion handelt.

Behandlung

Über die Tierarztpraxis.

Vorbeugende Maßnahmen

Bei Freigängern: So gut wie nicht möglich.
Bei Hauskatzen: Keine Fütterung von rohem Fleisch und Fisch.

Ektoparasiten

Hierbei handelt es sich, wie der Name schon sagt, um einen äußerlichen Befall der Tiere mit Parasiten. Ektoparasiten kommen sowohl im Fell, als auch auf der Haut oder in tieferen Hautschichten vor. Diese »Untermieter« führen nicht nur zu Haut-, sondern auch zu Allgemeinerkrankungen und dürfen nicht unterschätzt werden.

Flöhe

Sie sind sicherlich die häufigsten Ektoparasiten bei Freigängern oder frei lebenden Katzen. Es gibt Katzen, denen scheint selbst ein starker Flohbefall wenig auszumachen. Sie kratzen sich gelegentlich, zeigen jedoch keine Hautveränderungen. Andere Tiere reagieren hypersensibel mit einer Flohallergie. Es kommt zu starkem Juckreiz und dadurch bedingten massiven Hautirritationen mit bakteriellen eitrigen Sekundärinfektionen. In solch einem Fall bedarf es einer tierärztlichen Behandlung.

Infizierte Hautstellen, insbesondere miliare Ekzeme (massenhafte kleine, krustöse Hautveränderungen), wie sie gerne bei allergischen Reaktionen auftreten, machen in der Regel eine Antibiotikatherapie notwendig. Um den Juckreiz in den Griff zu bekommen, sind manchmal kleine Cortisongaben über einen kurzen Zeitraum angezeigt. Kommt die Katze erst einmal zur Ruhe und stellt das Kratzen ein, heilen die Hautläsionen schnell ab.

Besonders bei Welpen und Jungtieren führen Flöhe nicht nur zu einer Störung des Immunsystems, sondern auch zu Gewichtsverlust (Flöhe sind Überträger von Bandwürmern) und Anämie (Flöhe sind Blutsauger). Sogar Todesfälle kommen bei starkem Befall vor.

Insbesondere auf Bauernhöfen lebende Katzen leiden häufig unter Flöhen.

Nachweis

Flöhe erkennt man mit dem bloßen Auge. Es sind kleine, flinke, braunschwarze Tierchen, die sich am liebsten in der Kruppen- oder Bauchregion der Katze aufhalten. Der Nachweis ist einfach. Nehmen Sie einen Flohkamm und führen Sie ihn über Ihr Tier. Finden Sie ein Tierchen und sind sich nicht sicher, lassen Sie es in ein sauberes Marmeladenglas fallen (wenn es denn nicht schnell davongesprungen ist!) und zeigen Sie es einem Experten. Finden Sie mit Ihrem Flohkamm nur kleine, kommaförmige, schwarze, wie Schmutz aussehende Stückchen, können Sie auch davon ausgehen, dass Ihre Katze »Mitbewohner« hat. Es handelt sich hierbei nämlich vermutlich um Flohkot. Er verfärbt sich rot, wenn Sie ihn auf ein Stück weißes Küchenpapier legen und Wasser hinzugeben. Die Färbung erfolgt durch das von den Flöhen ausgeschiedene Blut.

Behandlung

Die Behandlung erfolgt mit speziell für die Katze zugelassenen Flohpräparaten. Sie stehen in Form von Tabletten, Pulver, Spray, Injektionen oder der Spot-on-Applikation zur Verfügung und sind verschreibungs- oder apothekenpflichtig.

Vorsicht!

Für Katzen sollten keine Präparate für den Hund verwendet werden! Näheres siehe im Abschnitt »Behandlung von Zecken«.

Vorbeugende Maßnahmen

Insbesondere bei Freigängern sollten Flohpräparate vorbeugend alle vier Wochen als Spot-on aufgetragen werden. Die Gabe von Knoblauch oder das Auftragen von ätherischen Ölen ist nicht sicher. Es ist vielleicht eine Verringerung des Flohbefalls zu erreichen, eine gänzliche Ausmerzung aber nicht.

Vorsicht!

Vorsicht mit ätherischen Ölen bei der Katze! Katzen putzen sich ausgesprochen gerne und reagieren häufig mit massivem Speichelfluss auf die Öle, was nicht ungefährlich ist.

Wir haben es hier schön gemütlich. Frauchen achtet darauf, dass wir keine »Mitbewohner« haben, denn die können sich hier so richtig gut einnisten.

Tipp: *Sind plötzlich Flöhe bei reinen Hauskatzen vorhanden, die keinen Kontakt zu anderen Tieren haben, sollte man neu angeschaffte Blumen kontrollieren!*

Neben der befallenen Katze sind sämtliche in der Wohnung lebenden Vierbeiner zu behandeln. Häufiges Staubsaugen mit stets sauberem Beutel beseitigt einen Teil der Eier, Larven und Flöhe. Hilfreich ist es auch, die Staubsaugerbeutel mit einem Insektizid (z.B. Paral) einzusprühen. Die Lagerstätten der Tiere müssen gründlich gereinigt sowie Decken und Tücher gewaschen werden. Häufig kommt man an einer Umgebungsbehandlung mit Insektiziden aus der Tierarztpraxis nicht vorbei. Hier ist die Problematik bekannt und Sie erhalten ein wirkungsvolles und verträgliches Präparat.

Zecken

Zeckenbefall ist bei Katzen kein so großes Thema wie beispielsweise beim Hund. Die Borreliose spielt nur eine unwesentliche Rolle. Obwohl Antikörper gegen Borrelien auch bei der Katze nachgewiesen wurden, zeigen sie kaum Krankheitssymptome. Bei unseren Haustigern sind hauptsächlich Hautirritationen, Juckreiz, Schwellungen und Rötungen durch den Biss zu verzeichnen.

Durch Kratzen kommt es wie beim Flohbefall zu Hautverletzungen und sekundären bakteriellen Infektionen, die auch hier behandelt werden müssen. Nichtsdestoweniger sind Katzen vorsorglich mit Zeckenpräparaten zu versorgen, denn Zecken übertragen nicht nur Borrelien, sondern auch Babesien. Bei der Katze führt die Babesiose, wird sie nicht behandelt, unter anderem zu Anämien (Blutarmut). Auch Todesfälle treten auf.

Diagnose

Der Nachweis einer Borreliose oder Babesiose erfolgt durch eine Blutuntersuchung. Zecken fallen bei der täglichen Pflege auf und sollten umgehend entfernt werden, am besten mit der Zeckenzange. Nimmt man die Finger zur Hilfe, dann mit einer Dreh-/Zugbewegung (man reißt die Zecken sonst schnell ab). Das Auftragen von Ölen, wie es früher empfohlen wurde, sollte auf jeden Fall unterbleiben. Bleibt ein Zeckenkopf einmal haften, so ist dies auch kein Drama. Er infiziert sich selten und wird meist nach einigen Tagen abgestoßen. Trotzdem sollten Zeckenbisse ein bis zwei Tage auf evtl. auftretende Schwellungen hin beobachtet werden. Zu empfehlen ist das Auftragen einer Wund- und Heilsalbe (z.B. Lebertran-, Arnica-, Ringelblumen- oder Bepanthensalbe). Auch die Gabe von Arnica D6, Globuli oder Tabletten, kann hilfreich sein. Bei der Verwendung von Salben bedenken Sie bitte wieder, dass sich Katzen gerne putzen.

Vorbeugende Maßnahmen

Eine vorbeugende Maßnahme ist das Auftragen von Zeckenpräparaten in Form der Spot-on-Methode oder die Versorgung mit einem Zeckenhalsband. Ich persönlich habe immer »Bauchschmerzen« bei Freigängern mit Halsbändern, sie könnten damit leicht irgendwo hängen bleiben. Wirksame Zeckenpräparate sind in der Regel rezeptpflichtig. Hausmittelchen wie ätherische Öle, Knoblauch usw. halten vielleicht einen Teil der Zecken ab, sind aber nicht sicher.

Vorsicht!

Niemals Zecken- oder Flohmittel für Hunde bei der Katze anwenden. Beliebte und wirkungsvolle Zeckenmittel, die beim Hund Anwendung finden, wie z.B. Exspot® oder Advantix, enthalten u.a. Permetrin. Ein Wirkstoff, der für die Katze hochgiftig ist. Katzen sind bekanntermaßen sehr reinlich, putzen und lecken sich viel und nehmen dabei den Wirkstoff auf. Je nach Menge kann dies zum Tode führen. Es kommt nicht nur zu Erbrechen und einer Temperaturerhöhung, sondern auch zu schweren zentralnervösen Störungen. Sollte eine Katze mit einem dieser Präparate in Berührung gekommen oder damit behandelt worden sein, muss das Präparat sofort ausgewaschen werden. Da es sich meist um ölige Lösungen handelt, am besten mit Neutralseife oder einem fett lösenden Spülmittel. Das mag Ihre Katze sicherlich nicht, ist aber lebensnotwendig.

Die betroffenen Katzen zeigen zunächst einen schwankenden Gang, fallen um und fangen im weiteren Verlauf an zu krampfen, überschlagen sich und sind nicht zu beruhigen. Ohne Behandlung führt dies zum sicheren Tod.

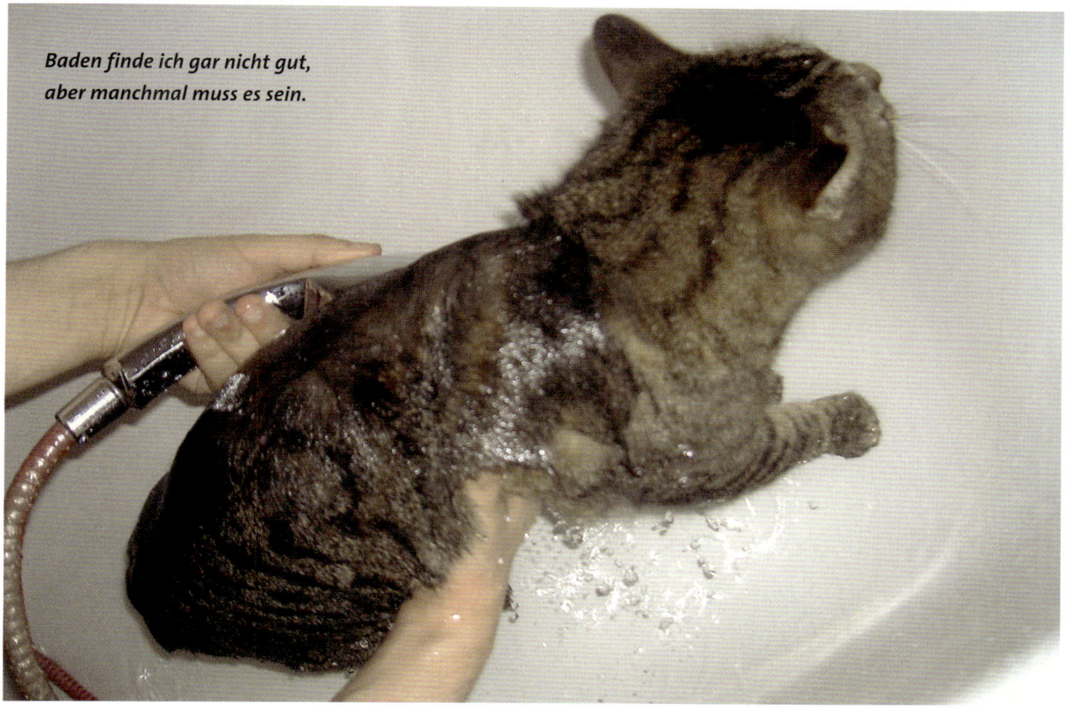

Baden finde ich gar nicht gut, aber manchmal muss es sein.

An einen Fall kann ich mich besonders gut erinnern. Das Tier wurde uns spätnachmittags von seinen Besitzern mit leicht schwankendem Gang, Speichelfluss und Zuckungen der Kopfmuskulatur gebracht. Laut Besitzer war bei beiden im Haushalt lebenden Katzen das Floh- und Zeckenmittel Frontline®, speziell für Katzen zugelassen und ungefährlich, aufgetragen worden. Die Besitzer wurden nach Hause geschickt, um noch einmal genau auf das verwendete Präparat zu schauen, zumal auch mehrere Hunde im Haushalt lebten. Wir brauchten nicht lange auf den Anruf zu warten. Die Halter hatten die Präparate verwechselt und Exspot® bei ihren Katzen aufgetragen. Die zweite Katze befand sich auf einem Spaziergang und kam zwei Stunden später in die Praxis, allerdings mit leichteren Symptomen. Sie konnte am nächs-

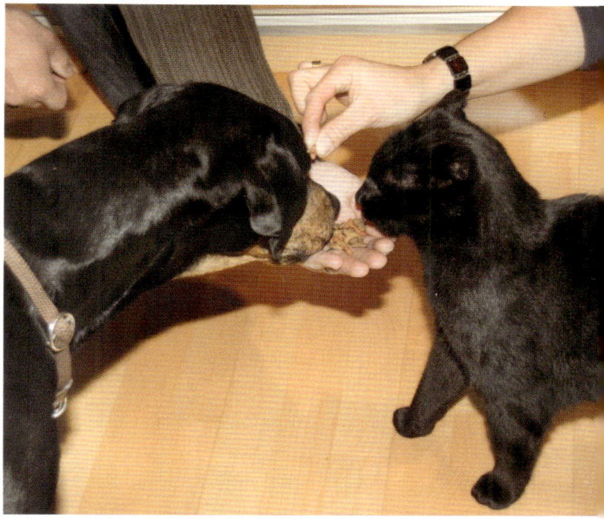

Kein Problem, wir fressen auch aus einem Napf.

ten Tag wieder entlassen werden. Katze Nummer eins hat es uns bedeutend schwerer gemacht. Wir hatten gerade einen Venenkatheter geschoben, die Katzendame war übrigens dabei alles andere als kooperativ, als sie anfing zu krampfen. Kein schöner Anblick, das Tier überschlug sich in der Box und war nicht ansprechbar. Die verabreichten Beruhigungsmittel zeigten nur kurzzeitige Wirkung. Sobald diese nachließ, traten die Krämpfe wieder auf. Die Kätzin verbrachte drei Tage in der Klinik und drei Nächte neben meinem Bett mit Dauertropf. Erst als ich ihr »drohte«, die Sache zu beenden, sprang sie nachts total wackelig auf mein Bett, kuschelte sich an und meinte, dass ich dies ja wohl nicht ernst meinen würde. Sie war einige Tage noch sehr ruhig, erholte sich aber vollständig.
Ein schönes Beispiel dafür, dass Hartnäckigkeit belohnt wird. Es bedeutet aber auch eine Gratwanderung. Eine Quälerei darf es für das Tier nicht werden, nur weil man es nicht »hergeben« möchte, so verständlich dies auch immer ist!

Mykosen (Pilzbefall)

Pilzerkrankungen sind bei der Katze keine Seltenheit. Sie spielen bei den Hauterkrankungen eine wichtige Rolle. Auch Organsysteme können befallen sein. Ich möchte nur auf die Erkrankungen der Haut durch Dermatophyten eingehen, da hier auch eine Ansteckungsgefahr für den Menschen besteht. Alles andere würde den Rahmen dieses Buches sprengen.
Erste Symptome bei der Katze sind kreisrunde, haarlose Stellen, manchmal auch mit einer Rötung einhergehend und meistens im Kopfbereich beginnend. Später kommt es zu einer Ausbreitung über den gesamten Körper.
Mikrosporum canis ist weltweit der wichtigste Erreger bei der Katze. Die Ansteckung erfolgt direkt von Tier zu Tier, Tier zu Mensch, aber auch manchmal von Mensch zu Tier. Begünstigt wird diese Erkrankung außerdem durch eine Störung des Immunsystems. Mangelernährung, mangelnde Pflege, Parasitenbefall, Viruserkrankungen usw. spielen eine nicht unwesentliche Rolle.

Bitte den Bauch kraulen.

Diagnose
Sie kann durch die sogenannte Woodsche Lampe (UV-Lampe) erfolgen. Eine mikroskopische Untersuchung abgebrochener Haare ist ebenfalls möglich. Die sicherste Methode ist meines Erachtens allerdings die Anzüchtung auf einem entsprechenden Dermatophyten-Testmedium.
Bei Bestandsproblemen sollte über die Möglichkeit der Impfung nachgedacht werden. Sie ist zwar teuer, aber wirkungsvoll.

Behandlung
Zu unterscheiden ist zwischen einer systemischen (Eingabe von Tabletten) und äußerlichen Therapie. Ich neige eher zur äußerlichen Anwendung, da bei der systemischen Behandlung häufig starke Nebenwirkungen auftreten. Hinzu kommt, dass manchen Katzen Medikamente ohne Verletzungsgefahr für den Besitzer nicht eingegeben werden können. Dies ist aber von Fall zu Fall zu entscheiden und hängt maßgeblich vom Grad des Befalls und dem möglichen Handling der Katze ab.

Wichtig
Bei der äußeren Therapie ist die konsequente Behandlung des befallenen Tieres und in Mehrkatzenhaushalten des gesamten Bestandes wichtig. Auch wenn mancher Besitzer es nicht gerne hört: Langhaarige Katzen sind zu scheren. Haare wachsen nach ...

Beide Behandlungsmethoden sind langwierig: Die Medikamente müssen über einen Zeitraum von mindestens sechs Wochen eingegeben werden. Zweimal wöchentlich müssen Ganzkörperwaschungen erfolgen und an hartnäckigen Stellen zusätzlich täglich eine Salbenbehandlung durchgeführt werden. Dies kann bis zu sechs Wochen andauern. Will die Katze sich absolut nicht baden lassen, ist auch eine Spraybehandlung möglich. Ich verwende hierfür gerne eine feine Blumenspritze, fülle das Medikament in der angegebenen Verdünnung ein und kann den Rest noch für die nächste Behandlung verwenden. Das spart Geld, denn die Behandlung ist nicht nur langwierig, sondern auch teuer, egal ob inner- oder äußerlich.

Vorbeugende Maßnahmen
Die tägliche Fellpflege ist die wichtigste vorbeugende Maßnahme. So können bereits die ersten Anzeichen eines Pilzbefalls erkannt und behandelt werden. In Problembeständen sollte über mögliche Impfungen nachgedacht werden.

Klettern macht Spaß und man behält den Überblick.

Milben

Raubmilben

Hier haben wir es mit den Cheyletiellen zu tun. Die Katzen infizieren sich durch direkten Kontakt, die Milben leben oberflächlich auf der Haut und dem Haarkleid. Eine Infektion kann bei der Katze durchaus symptomlos verlaufen, aber auch zu starkem Juckreiz mit massiver Schuppenbildung und miliaren Ekzemen (massenhafte kleine, krustöse Hautveränderungen) führen. Am häufigsten sieht man diese Veränderungen im Kopf-, Nacken- und Rückenbereich.

Vorsicht! Raubmilben sind auf den Menschen übertragbar! Man spricht von der sogenannten Tierskabies. Während die Infektion bei der Katze häufig latent ohne irgendwelche Symptome verläuft, zeigen Menschen hochgradige Hautveränderungen mit starkem Juckreiz, insbesondere an Brust und Armen. Die befallenen Katzenbesitzer erzählen: »Ich habe das Gefühl, als würde mich ständig etwas anspringen.«

Diagnose
Die Diagnose wird mikroskopisch gestellt.

Behandlung
Die Behandlung ist einfach und erfolgreich, da die Milben sehr oberflächlich sitzen. Es gibt Spray-, Puder-, Spot on- und Injektionsbehandlungen.

Wichtig!
Egal, was für ein Präparat Sie nehmen, die Behandlung muss wiederholt werden. Bei starken bakteriellen Sekundärinfektionen der Haut bedarf es einer zusätzlichen Antibiotikatherapie.

Grabmilben

Hierbei handelt es sich um die sogenannte Kopfräude. Sie beginnt im Kopfbereich des Tiers, breitet sich dann aber über den ganzen Körper aus. Der Erreger ist Notoedres cati. Die Grabmilbe kommt überwiegend bei streunenden Katzen, ganz selten auch mal beim Hund vor. Sie dringt, wie der Name schon sagt, in die Hautschichten ein und legt dort ihre Eier ab. Bei der Katze verursachen sie starken Juckreiz. Typisch sind die dicken, borkigen Veränderungen, die, beginnend an den Ohren, sich auf Kopf, Hals und den ganzen Körper ausbreiten. Durch Kratzwunden entstehen auch hier bakterielle Sekundärinfektionen, die wiederum einer Behandlung bedürfen.

Vorsicht!
Grabmilben sind hochgradig ansteckend und übertragbar auf den Menschen!

Diagnose
Sie ist nicht so einfach wie bei den Raubmilben. Für den Nachweis sind meist mehrere tief gehende Hautgeschabsel notwendig, die mikroskopisch untersucht werden. Eine Sedierung der betroffenen Tiere kann aufgrund der relativ schmerzhaften Entnahme notwendig sein.

Behandlung
Die Behandlung ist langwierig. Die Prognose hinsichtlich der Heilungschancen ist bei hochgradigem Befall, schlechtem Allgemeinbefinden und Sekundär-

Das Ohr macht mir ganz schön zu schaffen.

infektionen, im Gegensatz zum Befall mit Raubmilben, vorsichtig bis schlecht zu stellen. Die Behandlung der krustösen Stellen erfolgt durch Auftragen von Ölen. Am besten besorgt man sich Paraffinöl. Es ist nicht teuer und wird, wenn die Katze sich leckt, vom Körper nicht aufgenommen, sondern wieder ausgeschieden. Die Gabe von Vitaminen oder pflanzlichen Präparaten zur Unterstützung des Immunsystems machen Sinn. Ansonsten gilt das Gleiche wie für Raubmilben.

Ohrmilben

Die durch Milben hervorgerufene Ohrräude ist bei frei lebenden Katzen und Freigängern weit verbreitet. Füchse, Frettchen, Nerze und auch Hunde sind betroffen. Verursacht wird sie durch Otodectes cynotes. Infektionsquelle sind infizierte Tiere. Die betroffenen Katzen kratzen sich vermehrt am Ohrgrund. Es treten Verletzungen und bakterielle Sekundärinfektionen mit blutig-krustösen Veränderungen auf. Das Ohr wird häufig abgestellt und der Kopf schief gehalten.

Durch ständiges Kopfschütteln und Anschlagen kann es zu einem Othämatom kommen, dem sogenannten Blutohr. Schwellungen des äußeren Gehörganges sind vorhanden. Wir finden hier schmierige bis krümelige Absonderungen, die nicht selten beim Schütteln des Kopfes durch die Gegend fliegen.

Erfolgt keine Behandlung, sind Perforationen des Trommelfells und eine Otitis media (Mittelohrentzündung) denkbar.

Ohrmilben verursachen einen unerträglichen Juckreiz.

Diagnose

Sie ist verhältnismäßig einfach und sicher. Die Milben leben auf der Hautoberfläche des äußeren Gehörganges und sind mit einem Otoskop (Lupe) gut erkennbar.

Behandlung

Die Behandlung beginnt mit einer gründlichen Reinigung des äußeren Gehörganges. Erst dann werden Salben eingebracht. Massiert man zu Beginn eine Weile die Ohrmuschel, sind die Katzen erstaunlich kooperativ. Zur Behandlung stehen Salben, Spot-on-Präparate und Injektionen zur Verfügung. Auch hierbei heißt es: Eine einmalige Behandlung ist nicht ausreichend. Die angegebenen Behandlungsintervalle müssen eingehalten werden. Ebenso ist eine Nachkontrolle angezeigt.

Vorbeugende Maßnahmen

Regelmäßige Kontrolle der Ohren.

Otoskopische Ohruntersuchung

Kapitel 4

Erkrankungen leichterer Art. Was kann getan werden?

Wann handelt es sich um eine harmlose Erkrankung? Wann sollte fachliche Hilfe in Anspruch genommen werden? Diese Fragen sind sicherlich nicht immer leicht zu beantworten. Der Besitzer, der den Kontakt zu seiner Katze hat, sie versorgt und pflegt, kennt sie am besten, ihm fallen Veränderungen zuerst auf.

Von einer leichten Erkrankung oder Unstimmigkeit spricht man immer dann, wenn das Allgemeinbefinden des Tieres nicht wesentlich beeinträchtigt ist. Seine Temperatur ist normal, die Futteraufnahme vielleicht geringer, aber vorhanden, die Katze insgesamt etwas ruhiger, aber noch munter.

Erkältungen
Durchfälle
Hautprobleme
Augen- und Ohrenentzündungen
Zahnstein

Erste Anzeichen einer Erkältung, die Augen jucken.

Das sieht aber gut aus.

Erkältungen

Leichte Erkältungen, die mit häufigem Niesen, Heiserkeit, gegebenenfalls geröteten Bindehäuten und klarem Tränen- und Nasenausfluss einhergehen, können ein bis zwei Tage beobachtet und mit homöopathischen Präparaten behandelt werden. Nicht geeignet sind Tropfen, die häufig Alkohol enthalten, der bei den meisten Katzen massives Speicheln hervorruft.

Unter der Medikamentengabe darf keine Verschlechterung auftreten. Nach drei bis vier Tagen muss eine Besserung zu erkennen sein, sonst ist ein Tierarzt aufzusuchen.

Geeignete homöopathische Präparate

- *Belladonna D6 – 3 x tgl. 1 Tbl./5 Globuli*
- *Echinacea angustifolia D6 zur Stärkung der Abwehrkräfte – 3 x tgl. 1 Tbl./5 Globuli, Eingabe max. 4 Wochen*
- *Engystol – 3 x tgl. 1/4 Tbl.*
- *Euphrasia Augentropfen – 3 x tgl. 1–2 Tropfen über 7 Tage*

Durchfälle

Durchfälle können mannigfache Ursachen haben. Von einer leichten Magen- und Darmverstimmung bis hin zu ernstzunehmenden Erkrankungen wie Hepatitis, Bauchspeicheldrüsen- oder Virusinfektionen. Bei Katzenwelpen liegen häufig Wurmbefall, aber auch Futtermittelunverträglichkeiten vor. Die Gabe von Kuhmilch kann durch ihren hohen Lactosegehalt, die Muttermilch der Kätzin enthält wesentlich weniger Lactose, auch Ursache für Diarrhöen sein. Immer öfter tritt heute bei Katzen eine Intoleranz gegen Kuhmilchproteine auf, während andere Milcharten, wie z.B. Ziegen- und Schafsmilch, gut verträglich sind.

Diarrhöen werden bei Freigängern häufig erst sehr spät bei Gewichts- und Flüssigkeitsverlust oder durch um den After herum kotverklebte Haare erkannt.
Bei reinen Wohnungskatzen ist es einfacher, hier fällt es bei der Reinigung der Katzentoilette auf. Besteht bei Freigängern Verdacht auf einen mas-

Bilden einer Hautfalte zwecks Feststellung des Hauttugors.

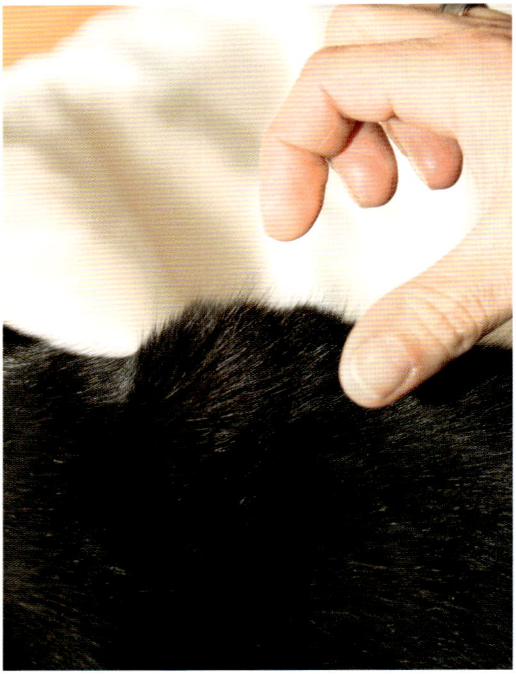

Herabgesetzter Hauttugor.

siven Durchfall, sollten sie ein oder zwei Tage zur Beobachtung in der Wohnung bleiben.
Die Katzen sind dann zwar sehr unleidlich, aber man bekommt eine Kotprobe und damit vielleicht schon eine Diagnose.
Leichte Durchfälle können zunächst ein bis zwei Tage beobachtet werden. Die Futtermengen dürfen durch kleine Gaben von Naturjoghurt oder Magerquark für die Beruhigung und Wiederherstellung der Darmflora ergänzt werden.
Bei starken Durchfällen darf mit einem Tierarztbesuch nicht zu lange gewartet werden, vor allen Dingen dann nicht, wenn auch noch Erbrechen hinzukommt. Die Tiere haben einen massiven Flüssigkeitsverlust und dehydrieren.

Ist der Spannungszustand der Haut (Hautturgor) bereits herabgesetzt, wird es höchste Zeit mit einer Behandlung. Den Hautturgor kann man als Besitzer selbst testen. Ziehen Sie dabei am besten seitlich im Schulterbereich der Katze die Haut etwas hoch und lassen Sie sie sofort wieder los. Verschwindet die Hautfalte sofort, ist alles »im grünen Bereich«. Ist der Flüssigkeitsverlust jedoch so groß, dass die Hautfalte stehen bleibt, muss die Katze dringend tierärztlich versorgt werden.

Geeignete homöopathische Präparate

- *Nux vomica D6 – 3 x tgl. 1 Tbl./5 Globuli*
- *Arsenicum album D6 – 3 x tgl. 1 Tbl./5 Globuli*
- *Lycopodium D12 – 3 x tgl. 1 Tbl./5 Globuli*

Beginnender Haarverlust im Bauchbereich durch verstärktes Lecken.

Hautprobleme

Einige Hauterkrankungen habe ich bereits bei den Ektoparasiten abgehandelt. Ich möchte hier jedoch noch kurz auf die psychogen bedingte Alopezie (Haarverlust) und Dermatitis eingehen. Sie hat meines Erachtens in den letzten Jahren bei den Katzen an Bedeutung zugenommen. Dem Katzenhalter fallen zunächst kahle Stellen am Unterbauch seines Tiers auf. Häufig ohne jegliche Hautveränderungen, setzt sich das Ganze an den Vorder- und Hinterläufen fort. Alles Stellen, die die Katze gut erreichen kann. Ursache ist ein übertriebenes Putzverhalten der Tiere. Sie beißen oder reißen sich die Haare aus. Leckattacken bekommen die Halter nicht immer mit, was die Diagnose erschwert.

Stressfaktoren, Änderungen in der gewohnten Umgebung, Auszug eines Familienmitglieds, Zuzug eines anderen Haustieres oder einer anderen Person, aber auch geringfügige Änderungen im gewohnten Tagesablauf können ursächlich sein.

Die Diagnose ist schwierig, häufig gelingt sie nur durch das Ausschlussverfahren. Homöopathische Präparate können zumindest unterstützend eingesetzt werden.

Verstärkter Putzzwang.

Geeignete homöopathische Präparate

- *Hyoscyamus D30 – 1 x tgl. 1 Tbl./5 Globuli*
- *Arsenicum album D6 – 2–3 x tgl. 1 Tbl./5 Globuli*

Lagen keine Hautveränderungen vor, habe ich mit Arsenicum album D 6 gute Erfolge erzielt.

Freilebender Kater mit einer massiven Bindehautentzündung.

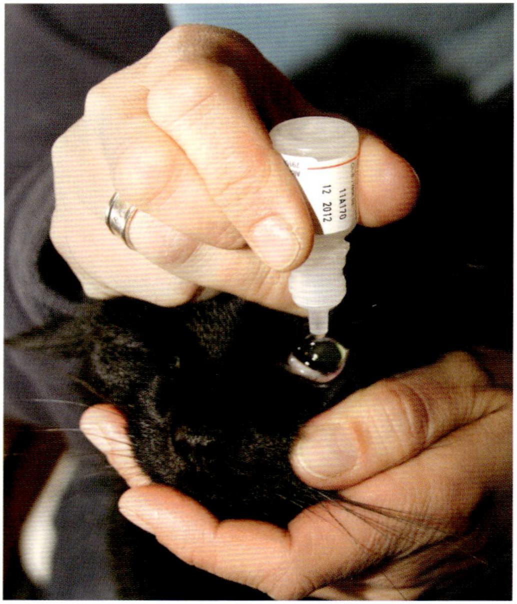

Das Einbringen von Augentropfen.

Augen- und Ohrenentzündungen

Ursache für Bindehautentzündungen leichterer Art ist bei reinen Wohnungskatzen häufig Zugluft, da die Stubentiger gern auf zugigen Fensterbänken sitzen oder liegen. Auch allergische Hintergründe sind denkbar. Bei ungestörtem Allgemeinbefinden und nicht verstärktem Reiben an den Augen (was auf einen Fremdkörper hinweisen könnte), kann das Einbringen von leichten, nicht antibiotischen oder kortisonhaltigen Augentropfen oder Salben ausreichend sein. Aber auch hier muss eine Besserung in kürzester Zeit erfolgen, sonst ist der Gang zum Tierarzt angezeigt.

Ohrenentzündungen können bei Freigängern immer auch durch Milben bedingt sein.
Inwieweit es sich um eine leichte Otitis, evtl. auch nur um eine vermehrte Ohrenschmalzproduktion handelt oder um eine Milbenotitis im Anfangstadium, ist schwer zu beurteilen. Kratzen sich die Tiere nur gelegentlich am Ohrgrund, dürfen zunächst homöopathische Präparate versucht werden. Kommt es zu starkem Schütteln und einer Schiefhaltung des Kopfes, ist auch an einen Fremdkörper im Ohr zu denken.

Geeignete Augentropfen

- *Yxsin Augentropfen – 3 x tgl. 1–2 Tropfen*
- *Berberil Augentropfen – 3 x tgl. 1–2 Tropfen*
- *Euphrasia Augentropfen – 3 x tgl. 1–2 Tropfen*

Präparate für die Ohren

- *Hepar sulfuris D3 – 3 x tgl. 1 Tbl. / 5 Globuli (bei starker Schmerzhaftigkeit)*
- *Mercurius vivus D6 – 3 x tgl. 1 Tbl. / 5 Globuli*

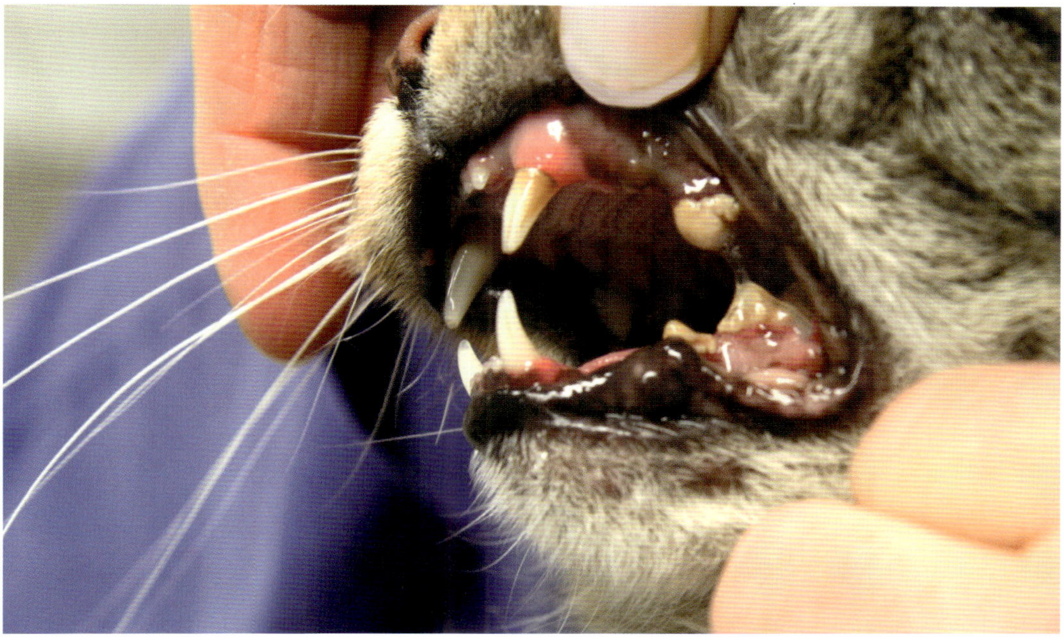

Massiver Zahnstein bei einer Katze.

Zahnstein

Ursache für vermehrte Zahnsteinbildung sind Ansammlungen mikrobieller Beläge auf der Zahnoberfläche. Es kommt zur Bildung sogenannter Plaques, Verkalkungen dieser Plaques und Zahnsteinbildung. Manche Katzen zeigen bereits die ersten Anzeichen im Alter von einem Jahr. Zunächst sind es leichte, gelbliche Beläge. Im weiteren Verlauf werden diese Beläge dicker und härter. Sie schieben das Zahnfleisch nach oben. Entzündungen desselben und Lockerung der Zähne sind die Folge. Genetische Faktoren und die Speichelzusammensetzung haben einen maßgeblichen Einfluss auf die Zahnsteinbildung.

Bei einer starken Gingivitis ist eine Antibiotikatherapie mit anschließender Zahnsteinentfernung durch Ultraschall notwendig.

Vorbeugende Maßnahmen

Als vorbeugende Maßnahme empfiehlt sich die regelmäßige Reinigung der Zähne!

- *Abreiben der Zähne mit einem feuchten Wattebausch und Calcium carbonat (Schlämmkreide), was bei Katzen nicht immer ganz einfach ist.*
- *Ein Mundwasser, wie wir Menschen es verwenden, ist bei der Katze **nicht** zu empfehlen!*

Kapitel 5

Erkrankungen einzelner Organe

Leber- und Nierenerkrankungen zählen zu den häufigsten Organerkrankungen. Der Krankheitsverlauf ist meist schleichend. Die Erkrankung wird häufig nur anhand von Blutwerten in bereits fortgeschrittenem Stadium entdeckt.

Lebererkrankungen

Werden im Rahmen eines Gesundheitschecks Blutuntersuchungen durchgeführt, fallen häufig erhöhte Leberwerte auf, ohne dass die Katze klinische Symptome zeigt.
Ursache hierfür ist, dass die Leber über eine hohe Reservekapazität verfügt. Funktionsausfälle treten in der Regel erst bei einem Verlust von über 70 % des Leberparenchyms auf. Im Gegensatz zur Niere ist die Leber darüber hinaus ein ausgesprochen regenerationsfreudiges Organ. Im Laufe eines Katzenlebens wird jede Leberzelle über sechsmal ersetzt.

Aufgrund von Besonderheiten des Proteinmetabolismus der Leber haben Katzen einen hohen Bedarf an Vitamin B 6 und Eiweiß. Der Eiweißbedarf muss durch tierisches Eiweiß gedeckt werden, da Katzen die essentiellen (lebensnotwendigen) Aminosäuren Taurin und Arginin nicht selbst synthetisieren können. Ein Grund, weshalb an Katzen kein Hundefutter verfüttert werden sollte. Ein Argininmangel ist mitverantwortlich für das Fettlebersyndrom, die häufigste Lebererkrankung der Katze, die zum Tode führen kann. Betroffen sind im Wesentlichen fettleibige und weibliche Tiere.

Eins der typischen Symptome bei Lebererkrankungen ist die Futterverweigerung. Das Tier sitzt vor einem gefüllten Futternapf, möchte eigentlich fressen, dreht sich dann aber ab. Man hat das Gefühl, das Futter widert die Katze an.
Sein Allgemeinbefinden ist gestört, sein Fell stumpf, glanzlos und struppig. Es magert ab. Immer wieder treten Durchfälle und Erbrechen auf. Die Katze ist schlapp und schläft viel. Manchmal zeigen Katzen mit Lebererkrankung auch Aggressivität. Im fortgeschrittenen Stadium kommt es zu Krampfanfällen. Eine Gelbfärbung der Schleimhäute (Ikterus) tritt erst verhältnismäßig spät auf. Die Gelbfärbung entsteht durch Anstieg der Serumbilirubinkonzentration. Im Anfangsstadium erkennt man diese Verfärbung an den Skleren (dem weißen Anteil des Augapfels) der nicht pigmentierten Mundschleimhaut und am harten Gaumen. Im weiteren Verlauf wird die gesamte Haut gelb.
Nach seiner Entstehungsgeschichte unterscheidet man zwischen dem prähepatischen oder hämolytischen Ikterus (er kann u.a. durch innere Blutungen aufgrund einer Gerinnungsstörung, z.B. durch Aufnahme von Rattengift verursacht werden) dem intrahepatischen Ikterus, er tritt in der Regel erst nach längerem Krankheitsverlauf auf und dem extrahepatischen Ikterus, er entsteht sehr früh und ist meist durch Gallenabflussstörungen bedingt. Diese Unterscheidungen sind für die Therapie lebenswichtig.

Besteht der Verdacht einer Lebererkrankung, sind klinisch-chemische Blutuntersuchungen notwendig. Hierzu gehören die Bestimmung der leberspezifischen Enzyme der Katze wie auch hämatologische Untersuchungen. Ultraschalluntersuchungen, Röntgen und Biopsien können zur Abklärung notwendig sein.
Aber auch außerhalb der Leber liegende Ursachen, wie z.B. die Schilddrüsenüberfunktion, ein Diabetes mellitus, Herzinsuffizienzen und Anämien können zur Erhöhung von Leberwerten führen.

Therapie und vorbeugende Maßnahmen

Wichtig ist die Fütterung der Katze. Bei Futterverweigerung muss sie ggf. zwangsweise oder per Sonde mit Futter versorgt werden, was sich häufig schwierig gestaltet. Es ist darauf zu achten, dass die Nahrung nicht zu viele Kohlenhydrate, sondern leicht verdauliches Eiweiß enthält. Darüber hinaus können pflanzliche Präparate verabreicht werden, z.B. Mariendistel und Vitamine.

Generell sollte beim Futtermittelkauf geklärt werden, ob die enthaltenen Eiweiße überwiegend tierischer Herkunft sind und nicht, wie häufig üblich, aus pflanzlichen Quellen gewonnen werden. Es schadet der Katze auch nicht, wenn sie zwischendurch einmal frisches Fleisch oder frischen Fisch bekommt.

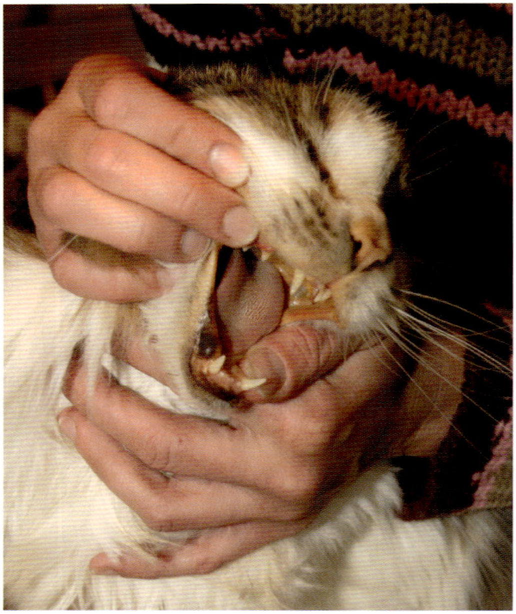

Gelbfärbung der Mundschleimhaut bei einer leberkranken Katze.

Erkrankungen der harnableitenden Wege, FUS

Das feline Urogenital-Syndrom ist eine der häufigsten Erkrankungen nicht nur alter Katzen. Das Kardinalsymptom: Probleme beim Urinabsatz. Die Katze sucht ständig die Toilette auf, ist sehr unruhig, miaut viel und setzt häufig nur einige Tropfen Urin oder Blut ab. Werden nicht ausreichende Mengen Urin abgesetzt, kommt es zu einem Rückstau in den Nieren mit möglichen irreversiblen Schäden und einer körpereigenen Vergiftung der Katze, die zum Tode führen kann.

Ursache verminderten Urinabsatzes sind unter anderem Schmerzen und dadurch auftretendes Harnverhalten. Ein Spasmus aufgrund einer Erkältung oder bakteriellen Blasen- und Niereninfektion ist ebenfalls denkbar. Auch Obstruk-

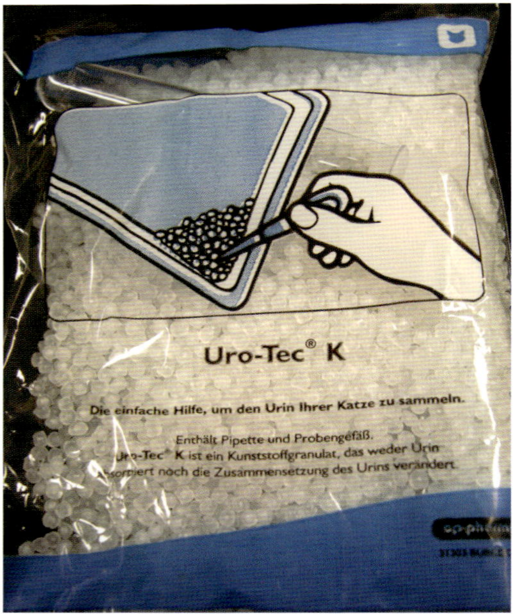

Das Auffangen von Urin mit Hilfe von Kunststoffkügelchen.

Katzen trinken häufig lieber fließendes Wasser.

tionen (Verschlüsse) durch Steine oder Gries, sei es in der Blase oder Harnröhre, kommen vor. Eine Urinuntersuchung zur Abklärung der Ursache ist hilfreich. Das Auffangen von Urin aber, wenn die Katze einerseits nicht genügend absetzt und andererseits Katzenstreu in der Toilette hat, ist schwierig. Wird noch ausreichend Urin abgesetzt, kann man sich in einer tierärztlichen Praxis ein Set mit Kunststoffkügelchen und einer Pipette zum Aufsaugen des Harns kaufen.

Bei Verdacht auf eine bakterielle Infektion ist es sinnvoller, eine Tierarztpraxis aufzusuchen. Dort kann man die Blase ausmassieren bzw. Katheterurin gewinnen. So ist es möglich, ein Antibiogramm zwecks Auswahl des richtigen Medikaments zu erstellen. Ist ein Verschluss (Obstruktion) die Ursache für die Harnabsatzbeschwerden, wird es ernst. Die Ursache muss schnellstens geklärt und beseitigt werden. Es besteht Lebensgefahr. Werden Gries oder Steine instrumentell entfernt, ist es zweckmäßig, sie zu analysieren, damit man vorbeugende Maßnahmen empfehlen kann.

Wo liegen die Ursachen für eine Steinbildung? Hier muss in erster Linie an die Fütterung gedacht werden. Die meisten Katzen, die nur Trockenfutter erhalten oder auch nur Trockenfutter nehmen, decken ihren Flüssigkeitsbedarf nicht ab. Das ist sicherlich mit ein Problem. Manchmal hilft es, einen kleinen Schuss Milch ins Trinkwasser zu geben, um die Flüssigkeitsaufnahme des Tiers zu steigern. Manche Katzen trinken vermehrt, wenn sie sich am laufenden Wasserhahn bedienen können.

Nicht zuletzt spielt die Futterzusammensetzung eine wesentliche Rolle. Die Fütterung von Fertigfuttermitteln ist sicherlich bequem und insbesondere in den Sommermonaten bieten sich Trockenfuttermittel an. Ist eine solche Fütterung aber auch gesund? Tatsache ist, dass die Problematik von Stein- und Griesbildung in den letzten Jahren stark zugenommen hat. Auch die Fütterung von Fertigfuttermitteln hat sich in den vergangenen Jahren erhöht. Die Fütterung unserer Katzen sollte überdacht werden, denn sie entspricht meines Erachtens so gar nicht den natürlichen Futtergewohnheiten dieser Tiere.

Bei den auf dem Markt befindlichen teuren Steindiäten lässt häufig die Akzeptanz der Katzen für dieses Futter zu wünschen übrig. Es empfiehlt sich, nicht gleich einen ganzen Sack oder eine Palette Dosen zu kaufen, sondern erst einmal zu testen, ob die Samtpfote das Spezialfutter annimmt. Katzen können auf Futtermittelumstellungen extrem reagieren. Es gibt die Möglichkeit, dem Futter entsprechende Zusatzstoffe beizufügen, die den ph-Wert des Urins ändern. Hier sollten dann aber regelmäßige ph-Wert-Kontrollen erfolgen.

Niereninsuffizienzen

Es wird unterschieden zwischen akuten und chronischen Niereninsuffizienzen.
Ursache akuter Niereninsuffizienzen sind unter anderem Schockgeschehen, Blutungen, Herzinsuffizienzen, vasculäre (gefäßbedingte) Störungen usw. Aber auch an für Nieren toxische Substanzen (verschiedene Antibiotika, Sulfonamide, Fungizide (Pilzmittel), Schwermetalle usw.) muss gedacht werden.

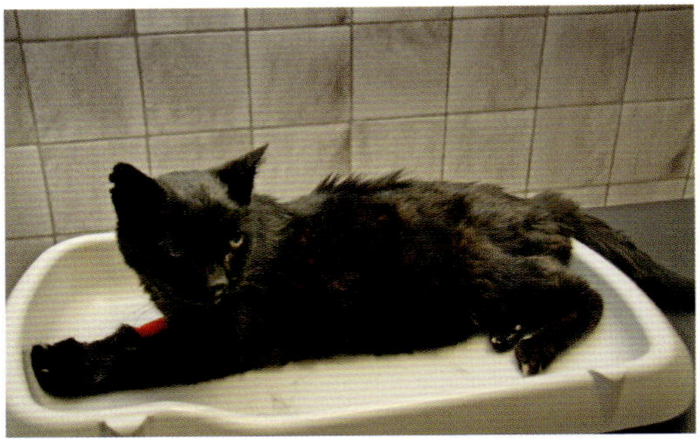

An einer Niereninsuffizienz erkrankte, abgemagerte Katze.

Die chronische Niereninsuffizienz ist für mich die am häufigsten auftretende Erkrankung älterer Katzen. Es kommt zu einer schleichenden Verschlechterung der Nierenfunktion. Sie wird vom Besitzer meist erst spät bemerkt. Klinische Symptome sind beispielsweise eine vermehrte Wasseraufnahme, intermittierende (immer wieder auftretende) Durchfälle und Erbrechen. Die Tiere magern ab, sind dehydriert, der Hautturgor ist stark herabgesetzt, das Haarkleid stumpf, struppig oder auch verfilzt. Der Schweregrad einer Niereninsuffizienz lässt sich anhand von Blutuntersuchungen messen. Neben dem Blutbild sind der Harnstoff- und der Kreatinin-Wert maßgeblich.

Im fortgeschrittenen Stadium der chronischen Niereninsuffizienz fällt der typisch harnähnliche Geruch aus der Mundhöhle auf. Ist die Erkrankung erst einmal soweit fortgeschritten, ist die Prognose für das Tier ungünstig.

Therapie

Hier muss in erster Linie auf eine ausreichende Flüssigkeitszufuhr geachtet werden, je nach Schweregrad auch über Tropfinfusionen.
Wenn ich es anfangs auch nicht wahrhaben wollte, muss ich heute sagen, dass die Homöopathie bei der Behandlung chronischer Niereninsuffizienzen eine wichtige Rolle spielen kann. Die Erfolge sprechen im positiven Sinne für sich. Solidago, Ubichinon und Coenzyme als Injektion sind die Mittel der Wahl. Je nach Schweregrad in Verbindung mit Infusionen. Es gibt hier gute Therapiepläne der Firma Heel, über die die meisten Tierarztpraxen verfügen.
Es lohnt sich, diese Mittel begleitend einzusetzen. Wenn auch eine hochgradige Niereninsuffizienz bei einer massiven Zerstörung des Nierengewebes nicht geheilt werden kann, so verbessert sich aber in den meisten Fällen die Lebensqualität des Tieres.

Schilddrüsenüberfunktion (Hyperthyreose)

An einer Hyperthyreose erkranken vorwiegend ältere Tiere. In der Praxis werden sie meist aufgrund übermäßiger Futteraufnahme vorgestellt. Sie fressen plötzlich alles, während sie vorher häufig mäkelig waren. Trotz erhöhter Futteraufnahme nehmen die Katzen aber rapide ab. Durch ihr hastiges Fressen kommt es häufig zu Erbrechen. Sie zeigen eine vermehrte Unruhe und sind regelrecht hyperaktiv.

Diagnose

Die Diagnose erfolgt anhand von Blutuntersuchungen.

Therapie

In der Praxis steht heute nach wie vor die Behandlung mit Medikamenten an erster Stelle, die die Synthese der Schilddrüsenhormone senken. Eine andere Möglichkeit ist die Entfernung der Schilddrüse. Damit es nun nicht ins andere Extrem geht, erfolgt der Ausgleich der Hormone medikamentös.
Mittel der Wahl wäre eigentlich die Radiojodtherapie. Sie ist aber nur selten möglich. Es gibt nur wenige Institutionen, die mit radioaktivem Material arbeiten dürfen.
Die Behandlung mit homöopathischen Präparaten ist nicht angezeigt.

Hunger habe ich immer, Fütterung ad libidum.

Zuckerkrankheit (Diabetes mellitus)

Diabetes mellitus kommt bei der Katze recht häufig vor. Auffällig wird das Tier durch vermehrte Wasseraufnahme und vermehrten Urinabsatz bei gleichzeitigem Verlust an Körpergewicht, trotz normaler oder höherer Futteraufnahme. Das Fell wird struppig, die Katze dehydriert, der Hautturgor kann massiv herabgesetzt sein. Blutzuckerwerte von über 400 mg/dl sind keine Seltenheit. Der Normalwert liegt bei 80 bis 120 mg/dl, bei Aufregung auch einmal etwas höher. Die Ursache ist in der Regel eine Erkrankung der Bauchspeicheldrüse.
Wenn ein Diabetes auch in jedem Alter auftreten kann, so sind doch vor allen Dingen ältere und

Lebensfreude pur!

übergewichtige Katzen betroffen. Männliche Tiere erkranken häufiger. Auch hier spielt wieder die Fütterung eine wesentliche Rolle. Katzen sind reine Karnivoren (Fleischfresser) und weisen enzymatische Besonderheiten im hepatischen Glucosestoffwechsel auf.
Glucose wird von ihnen nur langsam abgebaut, und selbst bei gesunden Tieren kommt es durch Aufnahme eines hohen Kohlenhydratanteils in der Nahrung zu einem erhöhten Glucosespiegel, was wiederum über längere Zeit die ß-Zellen der Bauspeicheldrüse schädigt. Diese Schädigungen können irreversibel sein.

Diagnose

Sie erfolgt anhand einer Blut- und Urinuntersuchung. Dabei ist zu berücksichtigen, dass massiver Stress den Blutzuckerspiegel hochtreibt. In diesem Fall ist eine Nachkontrolle notwendig, evtl. auch die Fruktosebestimmung. Der Allgemeinzustand der Katze gibt wichtige Hinweise. Eine Urinuntersuchung allein ist nicht aussagefähig.

Therapie

Hier ist das Zusammenspiel zwischen Tierhalter, Katze und tierärztlicher Praxis von wesentlicher Bedeutung. Bei vielen Katzen sind neben diätetischen Maßnahmen lebenslange Insulininjektionen nötig.

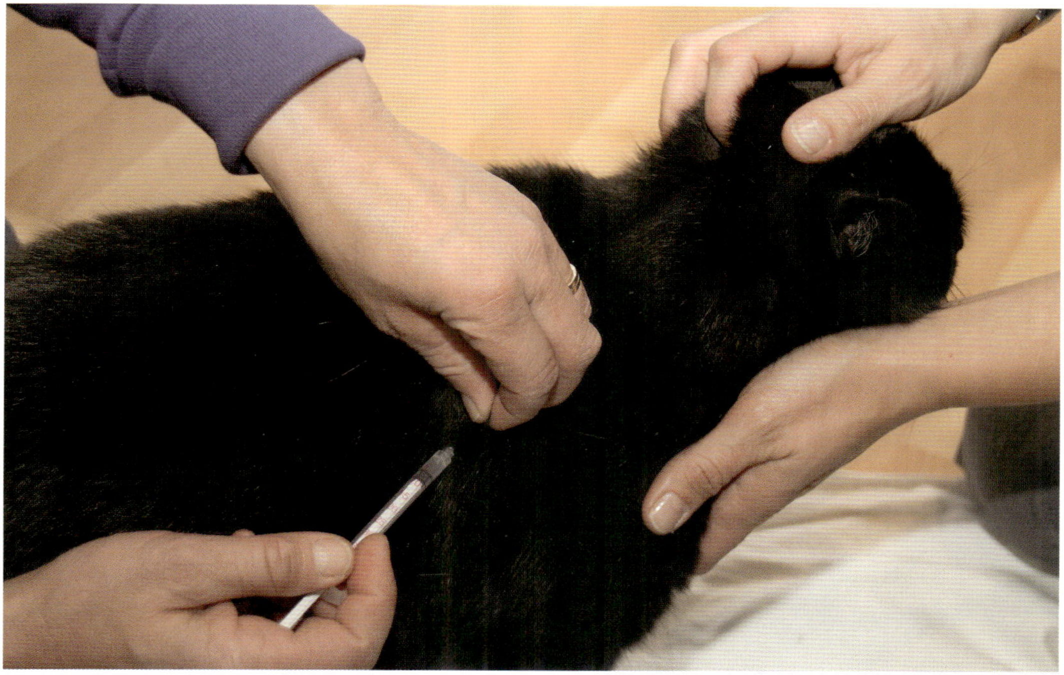

Insulininjektion

Die Angst vor der Verabreichung von Insulinspritzen muss überwunden und der Tagesrhythmus auf zwei tägliche Injektionen abgestimmt werden. Die Fütterung zu bestimmten Tageszeiten ist nach Möglichkeit einzuhalten. Das Futter soll kohlenhydratarm und proteinreich sein. Dieser Forderung entsprechen zwar die meisten kommerziell hergestellten Diäten, leider ist aber die Akzeptanz derselben häufig schlecht. Es ist sinnvoll, eine zusätzliche Person im Haushalt zu bestimmen, die die Katze versorgt oder bei Ausfall der betreuenden Person einspringt. Kontinuierliche Kontrolluntersuchungen sind notwendig.

Das hört sich jetzt alles sehr kompliziert an, ist aber durchaus zu schaffen. Es bedarf etwas Übung und Überwindung. Die Nadeln sind sehr fein und die meisten Katzen tolerieren die Injektionen sehr gut. Es gibt sogar Katzen, die auf ihre Injektion warten, da sie immer in Verbindung mit etwas besonders Leckerem steht. Eine Möglichkeit, etwas Gefühl für die Injektionen zu bekommen, ist die Übung an einer Apfelsine.

Kapitel 6

Die wichtigsten Viruserkrankungen FIP, FeLV und FIV – was steckt dahinter?

- *Feline infektiöse Peritonitis, FIP*
- *Felines Leukämievirus*
- *Felines Immunschwächevirus, FIV*
- *Felines Parvovirus, FPV (Katzenseuche)*
- *Ansteckender Katzenschnupfen*

Bei den Viren handelt es sich um äußerst kleine Krankheitserreger, sie kommen bei allen Säugetieren vor und können nur elektronenmikroskopisch dargestellt werden.

Feline infektiöse Peritonitis, FIP

Die »feline infektiöse Peritonitis« ist eine der gefährlichsten und häufigsten Infektionskrankheiten der Katze, sie ist unheilbar und endet meist tödlich. Dabei fängt alles sehr harmlos an: Die Katze infiziert sich mit dem in der Regel ungefährlichen felinen Coronavirus (FcoV). Die Infektion erfolgt über den Kot, seltener über andere Se- und Exkrete und zwar über Mund und Nase. In Deutschland haben laut durchgeführter Studien ca. 50 % aller Katzen Antikörper gegen Coronaviren.

Die Erkrankung kann vollständig symptomlos verlaufen oder es kommt zu leichteren, gelegentlich auch chronischen Durchfällen, selten tritt Fieber auf. Das Virus vermehrt sich im Darm der Katze. Das Gemeine ist, es kann dort auch mutieren. So wird aus dem eigentlich harmlosen Virus der lebensgefährliche Erreger der »felinen infektösen Peritonitis«. Das Coronavirus wird, wie schon gesagt, mit dem Kot ausgeschieden. Nicht (!) ausgeschieden wird das mutierte Virus, der an FIP erkrankten Katzen!

Am häufigsten sind Katzen betroffen, die auf engem Raum gehalten werden und nur eine Katzentoilette benutzen, z.B. Katzen in Tierheimen, Zuchten, Mehrkatzenhaushalten und Katzenpensionen. Hier kommen noch Stressfaktoren hinzu, die zur Immunschwäche führen und die Infektion begünstigen.

Eine Infektion mit dem Coronavirus ist eigentlich eine Zeitbombe, man weiß nie, wann das eigentlich harmlose Coronavirus zu dem gefährlichen FIP-Virus mutiert.

Die gute Nachricht ist, dass dies nur bei 5–10 % der mit Corona-Virus infizierten Tiere geschieht. Das ist aber immer noch viel zu häufig.

Eine immungeschwächte Katze.

Katzentoiletten sollten in Mehrkatzenhaushalten in ausreichender Zahl vorhanden sein.

Die Ansteckungsgefahr für frei lebende Katzen oder Freigänger ist gering. Sie erledigen ihre Geschäfte an der frischen Luft und selten an der gleichen Stelle. Der Erreger kann nach Antrocknen bei Raumtemperatur einige Wochen infektiös bleiben und auch über die Kleidung und Gegenstände übertragen werden.
Bei jungen und unter Stress stehenden Tieren ist die Gefahr, dass das Virus mutiert, besonders groß.

Diagnose

Die Diagnose »FIP« ist äußerst schwierig und bleibt häufig eine Verdachtsdiagnose. Die Symptome sind vielfältig, mehrere Organe involviert und der Corona-Antikörpertiter nicht prognostisch.
Wichtige Hinweise auf das Vorliegen einer FIP sind intermittierendes (schubweises) hohes Fieber bis 41°C, welches durch eine Antibiotikatherapie nicht zu beeinflussen ist. Darüber hinaus sind es Flüssigkeitsansammlungen in Bauch- oder auch Brusthöhle, die Hinweise geben.
Bei einer klinisch manifesten FIP ist die Prognose infaust (unheilbar), das Tier ist nicht zu retten. Bisher gibt es meines Wissens nach keine effektive Therapie. Auch die Hoffnungen, die in das humane Interferon-A gesetzt wurden, konnten nicht bestätigt werden. Man kann versuchen, den Krankheitsverlauf durch Mittel wie z.B. Cortison vorübergehend zu mildern, den Tod etwas herauszögern. Es sollte aber hinterfragt werden, inwieweit es noch ein lebenswertes Leben für den Hausgenossen ist, da keine Hoffnung auf Heilung besteht.

Vorbeugende Maßnahmen

Vorsorge ist die beste Behandlung.
In großen Katzenpopulationen sollten Corona-Antikörper positive Katzen nicht mit negativen Katzen zusammengehalten werden. Es dürfen höchstens drei positive Tiere in einem Raum mit mindestens drei Katzentoiletten zusammenleben.
Ideal wäre es noch zu unterscheiden, welche der positiven Tiere Ausscheider sind, um hier noch mal eine Trennung vorzunehmen. Bereits mit »FIP« infizierte Katzen dürfen bei den Ausscheidern mitlaufen. Weil das mutierte Virus nicht ausgeschieden wird, kann eine an FIP erkrankte Katze eine andere nicht über den Kot mit dem mutierten Virus anstecken. Sie muss, wenn sie sich noch gut fühlt, nicht euthanasiert werden. Zur Zucht dürfen nur Coronavirus freie Tiere eingesetzt werden.

Seit 1993 gibt es in Deutschland einen intranasalen Impfstoff, der aber leider nicht den erhofften Impferfolg hat. Bei negativen Katzen kann durch die Impfung aber vielleicht das Auftreten einer FIP reduziert werden.

Felines Leukämievirus

Die Infektion erfolgt von Katze zu Katze durch direkten Kontakt, aber auch durch Benutzung gemeinsamer Futternäpfe. Deshalb muss auf die Gefahr der Fütterung wilder Katzen für das eigene Tier hingewiesen werden. Die das FeLV

Die Fütterung frei lebender Katzen birgt ein Infektionsrisiko.

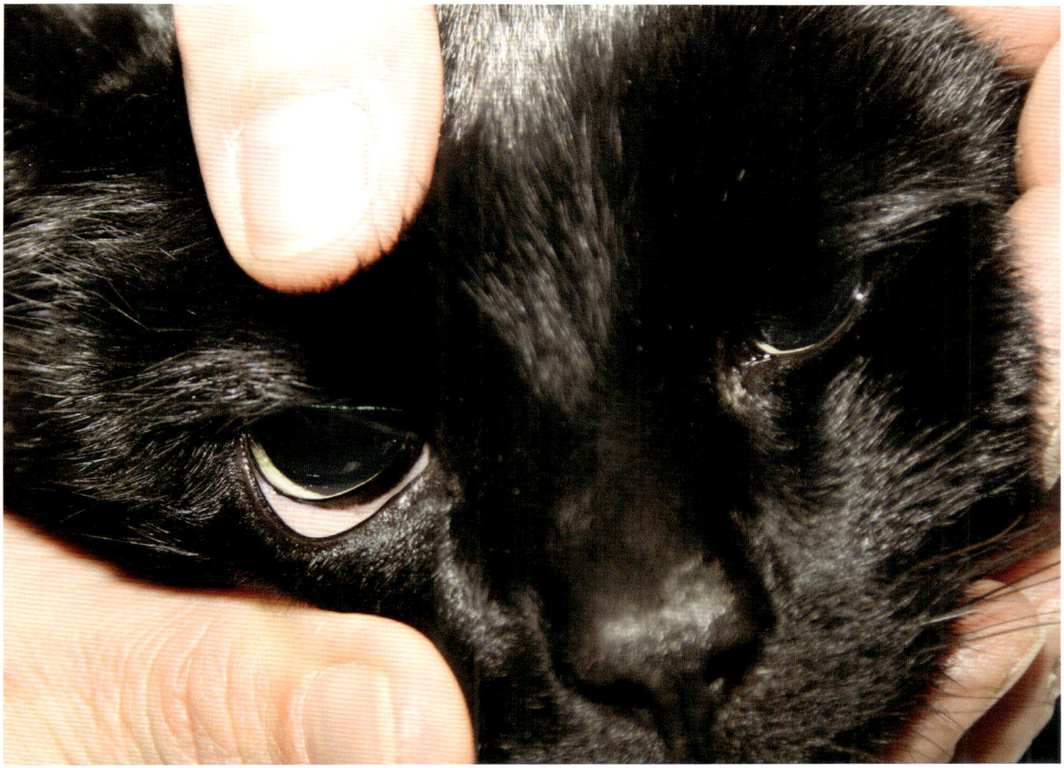

Rosarote Bindehaut einer gesunden Katze.

übertragende Katze muss keine klinischen Symptome zeigen. Das Virus wird über Speichel, Kot und Urin infizierter Tiere ausgeschieden. Hauptinfektionsquelle ist aber der Speichel. Eine Übertragung über die Muttermilch ist möglich, aber selten. Intrauterine Infektionen (Infektionen im Mutterleib) führen zum Fruchttod. Besonders empfänglich für das FeLV Virus bleiben junge und immun geschwächte Tiere. Zur Ausbreitung kommt es auch hier häufiger, werden mehrere Katzen auf engem Raum gehalten.

Man unterscheidet bei den durch FeLV hervorgerufenen Erkrankungen zwischen primären und sekundären Infektionen. Zu den primären Erkrankungen zählt man die Knochenmarksdepressionen. Dem Katzenhalter fällt auf, dass sein Tier ständig müde, schlapp und inappetent ist. Im weiteren Verlauf zeigt sich dann ein schwankender Gang. Ursachen sind eine Leukopenie (Verminderung der weißen Blutkörperchen) und eine Anämie (Verminderung der roten Blutkörperchen). Auffallend sind die blassen Schleimhäute der befallenen Tiere, die manchmal porzellanweiß sind. Dies ist am besten an den Bindehäuten durch Herabziehen des unteren Augenlids zu erkennen.

Immungeschwächte Kätzin

Zu den sekundären Infektionen gehören FeLV bedingte Tumore.Bei chronischen Erkrankungen ist immer an eine Primärinfektion mit FeLV zu denken. Katzenwelpen können über die Muttermilch der Kätzin infiziert sein, obwohl bei dieser, wenn keine Virusvermehrung stattfindet, das Virus nicht nachgewiesen werden kann. Katzen mit einem funktionierenden Immunsystem können durchaus in der Lage sein, dass Leukämievirus zu besiegen. Ein einziger positiver Test darf deshalb auch nicht die Grundlage für eine Euthanasie darstellen. Viel Zuneigung, ausgeglichene Fütterung und wenig Stress erhöhen die Überlebensdauer. Stress führt immer zu einer Schwächung des Immunsystems und begünstigt Virusinfektionen.

Nachweis

Der Nachweis erfolgt über spezielle Bluttests.

Behandlung

Wie bei den meisten Viruserkrankungen: Behandlung der Sekundärinfektionen und Stärkung des Immunsystems.

Vorbeugende Maßnahmen

Impfung! Sie bietet zwar keinen hundertprozentigen Schutz, muss aber bei Freigängern empfohlen werden. Es erfolgt eine Grundimmunisierung im Abstand von 4 Wochen, anschließend die jährliche Auffrischung.

Felines Immunschwächevirus, FIV, häufig auch als »Katzenaids« bezeichnet

Das FIV-Virus kommt nicht nur bei unseren Hauskatzen weltweit, sondern auch bei wildlebenden Feliden, wie z.B. Pumas oder Löwen, vor. Es ist nicht ansteckend für den Menschen. Akut tritt häufig Fieber auf. Im weiteren Verlauf der Erkrankung kommt es zu einer Immunschwäche der betroffenen Tiere. Typische Krankheitsbilder sind sich wiederholende Durchfälle, therapieresistente Erkrankungen der Mundhöhle wie Stomatitis, Gingivitis, Parodontitis, chronisch eitrige Hauterkrankungen und einiges mehr. Die Tiere zeichnen sich durch Apathie, Inappetenz, Abmagerung und schlechtes Haarkleid aus.

Bekommt man die Sekundärinfektionen in den Griff oder beherrscht sie zumindest und unterstützt das Immunsystem, kann das betroffene Tier alt werden.

Nachweis

FIV kann anhand spezieller Blutuntersuchungen nachgewiesen werden.

Behandlung

Symptomatische Behandlung der Sekundärinfektionen. Unterstützung des Immunsystems mit Vitaminen, Paraimmunitätsinducern und homöopathischen Präparaten.

Vorbeugende Maßnahmen

Es gibt keine Impfung gegen die FIV, ebenso wenig wie gegen die AIDS-Erkrankung beim Menschen.

Anzeichen einer Immunschwäche bei einem wildlebenden, potenten Kater.

An FIV erkranken vor allem ältere Tiere und hier vor allem intakte Kater mit Freilauf. Die Erklärung ist, dass die Erkrankung im Wesentlichen durch Bissverletzungen und den Geschlechtsakt übertragen wird. Eine FIV infizierte Katze überträgt die Infektion nur selten auf die Jungtiere. Felduntersuchungen in der Schweiz haben gezeigt, dass nach erfolgter Infektion mit dem FIV-Virus bis zum Auftreten erster Krankheitssymptome durchschnittlich vier Jahre vergehen. An FIV erkrankte Katzen übertragen den Virus zwar mit dem Speichel, er verliert aber an der Außenwelt sofort seine Infektiosität. Sind nicht noch andere Viren im Spiel, sind normale Haushaltsreiniger als vorbeugende Maßnahme ausreichend.

Felines Parvovirus, FPV (Katzenseuche)

Die feline Parvovirusinfektion ist bekannter unter dem Namen »Katzenseuche«. Die durch das Virus hervorgerufene, starke Verminderung der Leukozyten (weiße Blutkörperchen) führte auch zur Bezeichnung »Panleukopenie«. Es handelt sich hier um eine insbesondere für Katzenwelpen und Jungtiere gefährliche Virusinfektion, die immer wieder zu Todesfällen führt. Das Virus ist gegenüber Umwelteinflüssen und Desinfektionsmitteln sehr stabil und kann bei normalen Zimmertemperaturen über ein Jahr infektiös bleiben. Die Ansteckung erfolgt über die Mund- und Nasenschleimhaut direkt von Tier zu Tier. Des Weiteren über infizierte Gegenstände wie Futternäpfe, Decken, Körbchen, aber auch über Insekten. Die Inkubationszeit (d.h. erster Viruskontakt bis zum evtl. Ausbrechen der Krankheit) beträgt 2 bis 10 Tage. Schwer erkranken, wie schon erwähnt, Welpen und Jungtiere, doch auch bei älteren Katzen kommt es zu Todesfällen. Liegt ein perakuter Verlauf vor, werden Katzenbabys morgens tot aufgefunden, während sie am Abend vorher noch »putzmunter« waren. Ein akuter Krankheitsverlauf ist gekennzeichnet durch Futter- und Wasserverweigerung, Erbrechen, massiver bis blutiger Diarrhö und kolikartigen Bauchschmerzen.

Erste Anzeichen eines beginnenden Katzenschnupfens.

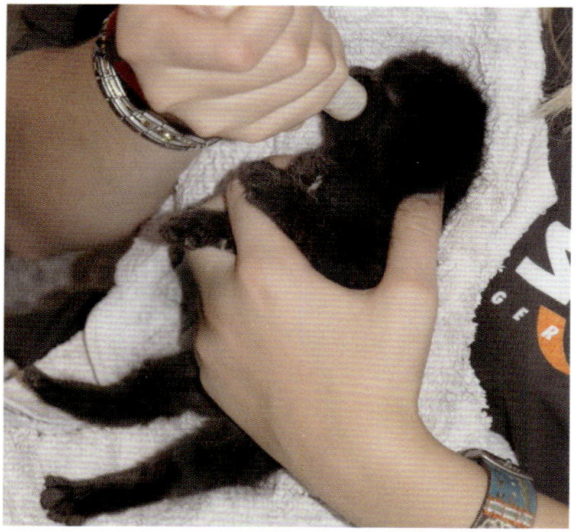
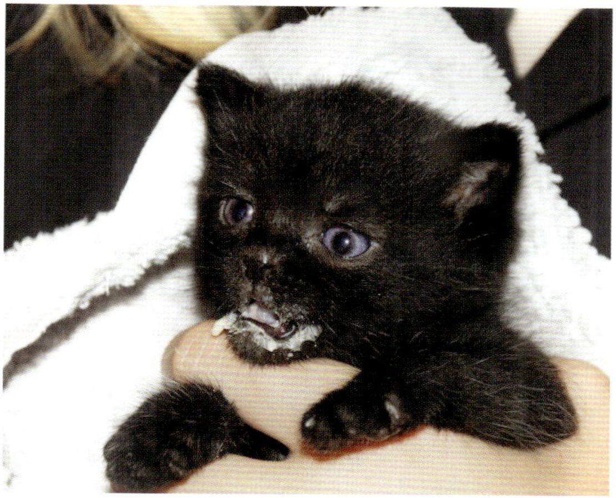

Die Aufzucht mutterloser Kätzchen ist zwar anstrengend, macht aber auch Spaß, vor allen Dingen, wenn man Erfolg hat.

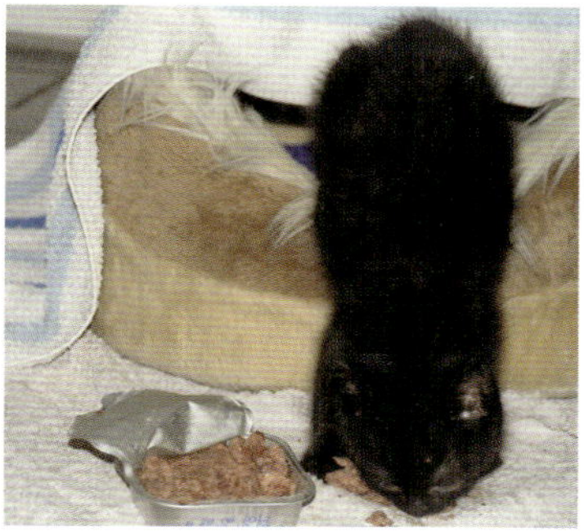

Nachweis

Der Nachweis einer Parvovirusinfektion ist über den Kot oder bei nicht geimpften Katzen serologisch möglich.

Behandlung

Die Behandlung erfolgt durch Serumgaben und symptomatisch. Unterstützend können, wie bei allen Virusinfektionen, Vitamingaben und homöopathische Präparate zur Stärkung des Immunsystems hilfreich sein.

Vorbeugende Maßnahmen

Gegen die Katzenseuche kann geimpft werden. Es erfolgt eine zweimalige Grundimmunisierung im Abstand von 4 Wochen. Katzenwelpen erhalten die Erstimpfung im Alter von 7–8 Wochen, die Nachimpfung mit 12 Wochen. Anschließend sollte eine Wiederholung in ein- bis zweijährigen Abständen folgen, je nach Angabe des Impfstoffherstellers. Bei stark gefährdeten Tieren, z.B. in Tierheimen, kann eine dritte Impfung im Alter von 16 Wochen erfolgen. Bei gefährdeten, sehr jungen, noch nicht impffähigen Katzenwelpen, sind Seruminjektionen alle 10 bis 14 Tage möglich.

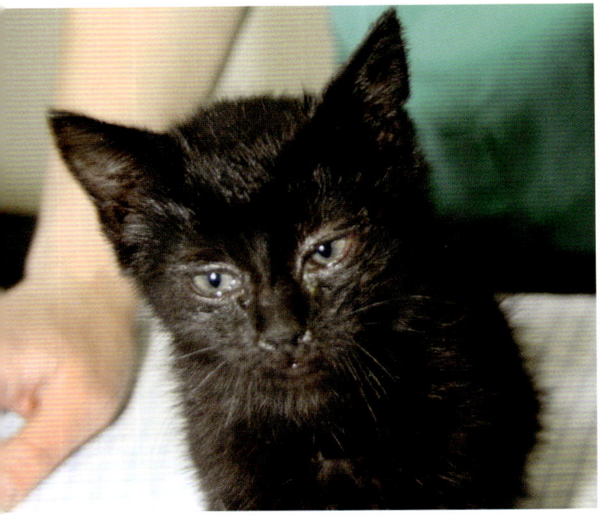

Ein bedauernswertes, an Katzenschnupfen erkranktes Katzenbaby.

Ansteckender Katzenschnupfen

Hierzu gehört ein ganzer Komplex von Erregern. Viren wie das feline Herpes- und Calicivirus gehören ebenso dazu wie Bakterien, z.B. Chlamydien und Mykoplasmen. Auf die wichtigsten und gefährlichsten möchte ich hier eingehen.

Die Symptome eines für Artgenossen ansteckenden Katzenschnupfens unterscheiden sich anfangs wenig von einer normalen Erkältung. Die ersten Anzeichen dieser Erkrankung sind:

- *häufiges Niesen*
- *Nasenausfluss, zunächst serös, später eitrig*
- *gerötete Augen*
- *Augenausfluss, zunächst serös, später eitrig*
- *evtl. erhöhte Körpertemperatur*

Durch starken eitrigen Ausfluss verkleben die Nasen- und Augenöffnungen. Die betroffenen Tiere bekommen schlecht Luft, zeigen eine erschwerte Atmung und Inappetenz. Die armen »Würmchen« können ihre Augenlider manchmal nicht mehr öffnen. Läsionen der Hornhaut sind häufig eine Folgeerscheinung. Es ist äußerst wichtig, die Verklebungen vorsichtig mit Watte und lauwarmem Wasser zu lösen und anschließend Salbe einzubringen. Salben sind in diesem Fall sinnvoller als Tropfen, da sie erneuten Verklebungen besser entgegenwirken. Manchmal, aber nicht immer, steigt die Körpertemperatur. Insbesondere Katzenbabys, aber auch ältere Tiere sind betroffen. Je nach Lage des Immunsystems erkranken nicht alle Tiere eines Wurfes.
Sind Herpesviren die Ursache, greift die Infektion vermehrt auf Mund- und Rachenraum, aber auch Luftröhre und Lunge über. Herpesvirusinfektionen können tödlich verlaufen. Entzündliche und schmerzhafte Prozesse in der Mundhöhle, Zungenläsionen bis hin zu Zungennekrosen, sind typisch. Übersteht man diese Phase mit Hilfe von Infusionen oder auch Sondenernährung, erholen sich die Tiere schnell.

Auch bei Calicivirusinfektionen spielen ulzerative Veränderungen in der Mundhöhle, insbesondere an den Zungenrändern, eine wichtige Rolle. Der Zungenrand sieht wie angefressen aus und man wundert sich, dass manche Katzen noch Futter aufnehmen. Nach Abheilung kann ein Teil der an Calicivirus erkrankten Katzen den Virus ein Leben lang ausscheiden.
Von großer Bedeutung bei den bakteriellen Erregern des ansteckenden Katzenschnupfens sind die Chlamydien. Sie führen zu einer Konjunktivitis (Bindehautentzündung), manchmal auch zu einer leichten Rhinitis (Entzündung der Nasenschleimhaut), seltener zur Pneumonie. Die Bindehautentzündung tritt anfangs nur einseitig, erst nach mehreren Tagen beidseitig auf. Der Augenausfluss ist serös. Die Bindehäute sind hochgra-

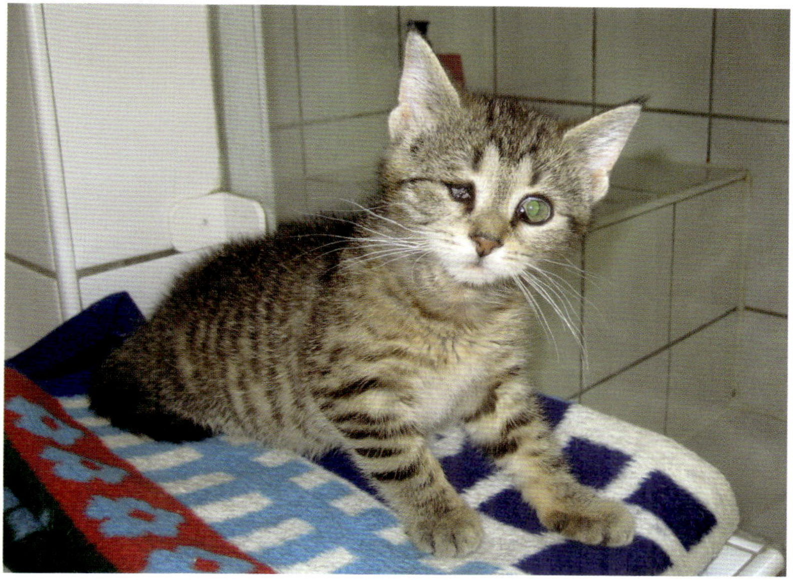

Verlust des Augenlichtes aufgrund eines ansteckenden Katzenschnupfens.

dig ödematös, zum Teil so geschwollen, dass man den Augapfel nicht mehr erkennen kann.
Eine Miterkrankung der Hornhaut ist selten, kommt aber vor. Häufig treten durch das Reiben des Auges an Sesseln, auf dem Teppichboden oder mit der Pfote Hornhautverletzungen auf. Manchmal pflanzt sich eine Chlamydieninfektion auf eine Virusinfektion auf.
Bitte verwenden Sie, wenn das Auge nicht vorher tierärztlich untersucht wurde, keine Augentropfen oder -salben aus eigenen Beständen. Sie könnten Cortison enthalten und mehr Schaden anrichten als helfen. Katzen reagieren darüber hinaus auf einige in Augentropfen und -salben enthaltene Substanzen äußerst empfindlich. Auch sollten Augenpräparate, wenn sie einmal geöffnet sind, nicht länger als 4 Wochen angewandt werden.

Behandlung

Antivirale Medikamente können bei der Katze nicht eingesetzt werden, sie sind toxisch (z.B. Aciclovir). Auch hier bleibt nur die Unterstützung des Immunsystems und Behandlung der Sekundärinfektionen. Ganz wichtig für den Genesungserfolg sind die Pflege und Reinigung der Augen, das Lösen der Verkrustungen an den Nasenlöchern, viel Streicheleinheiten und Zuwendung. Evtl. hilft das Auftragen von Wick für Babys auf den Nasenrücken, dies erleichtert die Atmung. Aber vorsichtig, manche Katzen speicheln. Inhalationen mit Mehrwassersalzen oder Kamillendampf wirken unterstützend.

Vorbeugende Maßnahmen

Es gibt Kombinationsimpfstoffe gegen einen Teil der Erreger des ansteckenden Katzenschnupfens. Welcher Impfstoff verwendet wird, sollte mit der Tierarztpraxis abgesprochen werden. Geimpft wird nach zweimaliger Grundimmunisierung in jährlichen Abständen.

Kapitel 7

Verletzungen, Vergiftungen, Aufnahme von Fremdkörpern

Verletzungen, Vergiftungen und die Aufnahme von Fremdkörpern kommen sowohl bei reinen Hauskatzen als auch bei Freigängern vor. Sind es bei den Hauskatzen im Wesentlichen unglückliche Sprünge, so sind es bei den Freigängern die Autounfälle. Bei den Vergiftungen spielen im Haus die Zimmerpflanzen und Reinigungsmittel eine wesentliche Rolle.

Auch reine Hauskatzen leben nicht ungefährlich.

Soll ich den Sprung wagen?

Wir haben uns nicht nur lieb, sondern kämpfen auch gerne.

Komm schon, lass uns kämpfen.

Verletzungen

Verletzungen und Verletzungsmöglichkeiten gibt es selbst bei reinen Hauskatzen eine ganze Menge. Gefährdeter sind aber sicherlich Freigänger. Es sind immer wieder die Biss- und Schlagverletzungen, die eine wesentliche Rolle spielen. Sie treten besonders häufig an den Vorderläufen, im Kopf-, Kruppen- und Schwanzbereich auf.

Wer einen potenten Kater hat, kann sicherlich »ein Lied davon singen«. Sie gehen selten einem Rivalen und Machtkampf aus dem Weg. Spät oder nicht kastrierte Kater erkennt man nicht nur an ihrer schönen, mächtigen Kopfform, sondern auch an ihren diversen Blessuren – aber sie tra-

Alte Kämpfer und spät kastrierte Kater erkennt man im Wesentlichen an ihren Blessuren. Typisch sind, wie bei diesem »alten Haudegen« deutlich sichtbar, geschlitzte Ohren, Narben unter den Augen, auf dem Nasenrücken und an den Wangen.

Potenter Kater mit einem imposanten, schönen Kopf.

gen diese mit Würde und Gelassenheit. Diese Kater haben schon etwas. Kastrierte Kater sind da weniger gefährdet, sie lassen sich nicht so schnell in Machtkämpfe verwickeln und bleiben näher am Haus. Ausnahmen bestätigen wie immer die Regel. Es gibt auch hier ausgesprochene Rabauken. Selbst die Kätzin geht nicht jeder Streitigkeit aus dem Weg, ist manchmal sogar noch schlimmer.

Verletzungen werden durch das dichte Fell häufig spät erkannt. Es sind in der Regel kleine Löcher, durch Krusten überdeckt und infiziert. Abszesse sind dann die Folge. Häufig kommt es zu Lahmheiten, die Katzen verhalten sich plötzlich ausgesprochen ruhig, zeigen Inappetenz, Störungen des Allgemeinbefindens und Fieber. Der Besuch einer tierärztlichen Praxis und eine Antibiotikatherapie sind dann angezeigt.

Abszesse, wie sie insbesondere im Kopfbereich auftreten, müssen gespalten und gespült, nekrotische Prozesse entfernt werden. So wird zumeist eine schnelle Besserung des Allgemeinbefindens erreicht. Kleine Läsionen kann man selbst behandeln (siehe Therapie).

Autounfälle bei Freigängern sind sicherlich ein Kapitel für sich. Größere Verletzungen, Frakturen usw. bedürfen schnellstens fachgerechter Behandlung.

Freigänger leben gefährlich.

Aber auch bei kleineren äußerlichen Hautverletzungen sollten die Tiere gründlich beobachtet oder durchgecheckt werden. Es können innerliche, nicht auf den ersten Blick erkennbare Verletzungen vorliegen. Wichtig ist die Kontrolle der Schleimhäute. Das Herunterziehen des unteren Augenlids oder das Anheben der Lefzen geben einen Hinweis auf ein eventuelles Schockgeschehen und einen starken, inneren Blutverlust. Unfallkatzen sind zur Beobachtung einen Tag in der Wohnung zu halten, selbst wenn diese es nicht einsehen mögen und Terror veranstalten. Harn und Kotabsatz müssen kontrolliert werden. Blasenrupturen nach Unfällen kommen immer mal wieder vor.

Therapie

Vorsichtige Reinigung der Wunden, soweit die Katze mitspielt (keine eigenen Verletzungen in Kauf nehmen!). Hierzu eignen sich Betaisadonna- oder Kamillosan-Lösungen, beides in der Apotheke erhältlich. Orale Gaben von Arnika D6, 3–4 x tgl. 1 Tbl./5 Globuli und Traumeel, 3 x tgl. 1/2 Tbl. sind hilfreich. Für die Reinigung können Küchenpapier oder auch ein altes, sauberes Trockentuch verwendet werden.

Gefahr nicht erkannt.

Im Haus sind es giftige Zimmerpflanzen, die der Katze gefährlich werden können. Hierzu gehört auch Anturium andreanum, Flamingoblume.

Vergiftungen

Katzen sind im Gegensatz zu Hunden sehr vorsichtig bei der Futteraufnahme, sie selektieren wesentlich stärker und sind demzufolge nicht so stark gefährdet. Die häufigste Vergiftungsquelle bei Katzen ist, bedingt durch ihr ausgeprägtes Putzverhalten, die schon erwähnte, unsachgemäße Anwendung von Floh- und Zeckenpräparaten. Näheres siehe unter Kapitel 3 (Ektoparasiten).

Vergiftungen mit süßlich schmeckenden Frostschutzmitteln sind dagegen ebenso selten wie die Aufnahme von Mäuse- und Rattengiften, kommen aber immer mal wieder vor. Schneckenkornvergiftungen, die häufig beim Hund anzutreffen sind, habe ich bei der Katze erfreulicherweise nicht erlebt. Bei allen Vergiftungen kann man sich nicht mit »Hausmittelchen« helfen, sondern hier bedarf es schneller, professioneller Hilfe durch einen Tierarzt, soll das Tier überleben.

Ich bin noch ein richtiges Spielkind und probiere gerne alles aus.

Fremdkörper

Die häufigsten Fremdkörper, die ich im Laufe meiner tierärztlichen Tätigkeit bei der Katze operativ entfernen musste, waren Glasmurmeln, Haselnüsse und kleine Wollknäuel. Aber auch Nähnadeln mit Faden oder – besonders beliebt! – »Ohrstöpsel« gehörten dazu.

Katzen sind, insbesondere wenn sie noch jung sind, verspielt. Sie verfolgen gerne Bällchen, rollen sie durch die Wohnung, fangen sie wieder und schlucken sie, sind sie sehr klein, im Eifer des Gefechtes immer mal wieder herunter.
Die besagten Kleinteile führen meistens zu Darmverschlüssen, die gefährlich sind und operativ behoben werden müssen. Besonders gefährlich sind aber die Aufnahme von Wolle und Fäden, besonders dann, wenn auch noch eine Nadel dranhängt und mit verschluckt wird.
Die Diagnose kann schwierig sein. Die Katzen erbrechen manchmal, setzen vielleicht keinen Kot ab, die Fremdkörper sind aber, wenn nicht gerade die Nadel mit verschluckt wurde, auf dem Röntgenbild schwer oder gar nicht zu erkennen. Also vorsichtig mit Nähzeug, nichts liegen lassen. Ohrstöpsel in einer Schublade aufbewahren. So vorsichtig die Katze sonst ist, beim Spielen vergisst sie alles.

Als Fremdkörper muss man auch die immer wieder bei den langhaarigen Katzen vorkommenden Bezoare bezeichnen. Sie entstehen durch massiven Haarausfall und verstärktes Putzen. Infolge des Abschluckens der Haare entstehen kleine bis zum Teil kinderfaustgroße Haarballen, die im Magen liegen bleiben, zu ständigem Erbrechen führen und letztendlich häufig operativ entfernt werden müssen.

In der Regel erbricht die Katze die Haare oder sie werden durch die Gabe entsprechender Pasten oder ganz einfach dem Beifügen von Paraffinöl (zweimal wöchentlich einen halben Teelöffel mit dem Futter gereicht) ausgeschieden. Paraffinöl ist geschmacksneutral, so dass die meisten Katzen es auch nehmen. Es wird vom Körper nicht aufgenommen und ist zudem preisgünstig. Darüber hinaus sollte man den Stubentigern auch Katzengras anbieten.

Katzengras sollte möglichst zart sein. Sonst besteht die Gefahr, dass sich Grashalme unter den weichen Gaumen setzen, was nicht ungefährlich ist.

Röntgenbild einer Katze mit verschluckter Nähnadel.

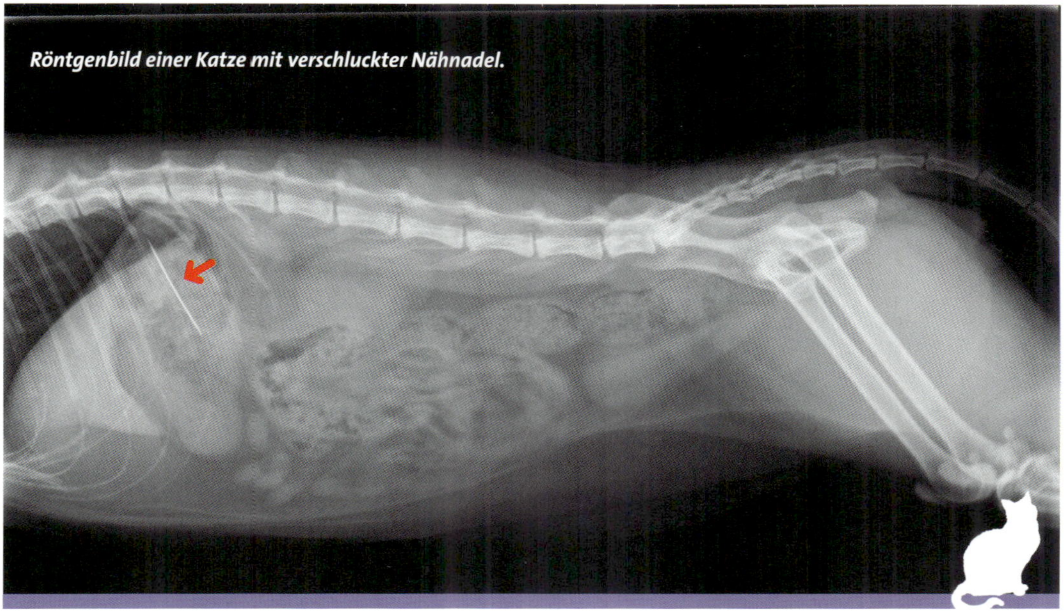

Die trächtige Katze

Die Trächtigkeit ist keine Krankheit. Tragende Katzen sollten möglichst normal gehalten werden. Verwöhnen kann nicht schaden, aber in Maßen. Die Katzen dürfen, soweit sie Freigänger sind, durchaus auch weiter ihre Spaziergänge unternehmen.

Nun »hab« dich nicht so. Ich weiß schon, dass du nicht meine Mutter bist.

Eine Geburt läuft nicht nach einem klaren Schema ab, sondern individuell äußerst unterschiedlich und ist immer spannend. Besonders der erste Welpe, vor allem bei Erstgebärenden, braucht manchmal etwas länger. Der Geburtsvorgang ist auch für Katzen ein durchaus schmerzhafter Prozess. Ist der erste Welpe erst einmal da, purzelt der Rest manchmal nur so heraus. Setzen starke Presswehen ein und ist vor allen Dingen schon Fruchtwasser abgegangen, sollte spätestens nach 2 Stunden der erste Welpe da sein.
Aber Vorsicht! – Man kann nichts pauschalisieren.

Das beste Beispiel war vor Jahren der erste Wurf meiner Boxerhündin. Sie hatte starke Presswehen, verlor Fruchtwasser, aber mehr tat sich nicht. Da ich zu diesem Zeitpunkt schon viel Erfahrung mit Geburten hatte und eine normale Geburt immer einem Kaiserschnitt vorziehe, übte ich mich in Geduld. Es gibt nichts Schöneres als zu beobachten, wie die Mütter (ob Hund oder Katze) während und nach der Geburt mit ihrem Nachwuchs umgehen, wie vorsichtig und zärtlich sie ihn lecken, manchmal auch etwas ruppig, wenn der nächste Welpe im Anmarsch ist.
Etwas Zärtlicheres als Katzenmütter sieht man selten. Jedenfalls habe ich bei meiner eigenen Hündin erst einmal vier Stunden nach Fruchtwasserabgang gewartet. Dann wurde auch mir mulmig. Die Hündin hatte starke Presswehen und war sehr angestrengt. Ich konnte keinen Welpen im Geburtskanal fühlen. Ich entschloss mich, in die Praxis zu fahren, um eine Röntgenaufnahme anzufertigen. Sie sollte mir zeigen, ob der erste Welpe falsch lag und dadurch die Geburt erschwerte. Nachdem alles vorbereitet war, das Auto vor der Haustür stand, Körbchen, Decke, Wärmflasche und Handtücher eingepackt waren, entschloss sich die Dame dann, den ersten Kleinen herauszuschmeißen.

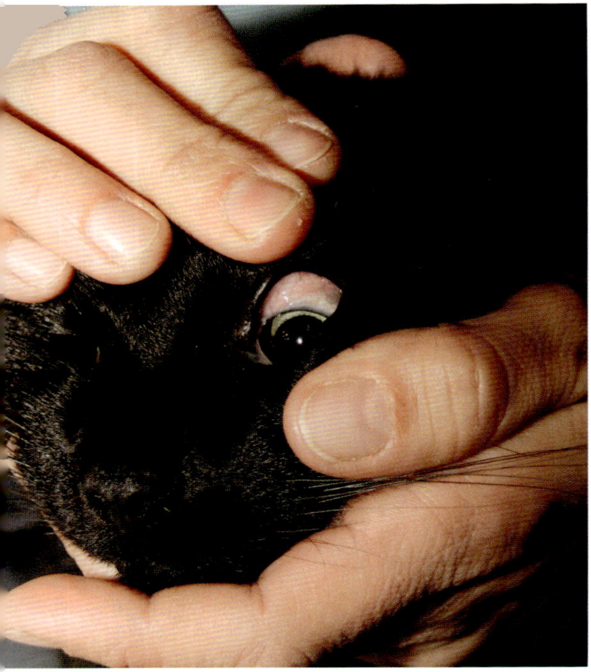

Skleren einer angestrengten Katze.

Ich musste ihr zwar etwas helfen, aber nach drei Stunden lagen sechs gesunde, schmatzende Winzlinge und eine zufriedene, entspannte Hündin in der Wurfkiste.
Wie angestrengt das Muttertier ist, erkennt man am besten an den Skleren (dem weißen Teil des Augapfels). Sind sie bereits rötlich, evtl. stark rot, wird es Zeit und man sollte nicht mehr zögern, eine Tierarztpraxis aufzusuchen.

Geburtstermin

Bei Freigängern ist meistens der Decktermin nicht bekannt, die Trächtigkeit fällt erst durch Zunahme des Bauchumfangs auf. Nicht wenige Besitzer denken an eine Erkrankung ihres Tieres und erleben eine mehr oder weniger freudige Überraschung.

Ungefähr ab dem 50. Trächtigkeitstag sind, wenn alles normal verläuft, bei dem Muttertier Welpenbewegungen zu fühlen. Hierzu legt man die Innenflächen seiner Hände – ohne Druck auszuüben! – seitlich auf den gefüllten Bauch. Es bedarf etwas Geduld, denn die Kätzin wird, je nachdem wie groß ihr Vetrauen ist, erst einmal die Bauchdecke anspannen. Die Babys können sich eventuell erschrecken. Dann aber ist es ein tolles Gefühl, das winzige Leben in den Handflächen zu fühlen. Der Bauchumfang als solcher gibt weder Auskunft über den Wurftermin, noch über die Anzahl der Welpen. Eine Ultraschalluntersuchung zur Feststellung einer Trächtigkeit ist schon ab dem 21. Tag möglich, durch Röntgen ab dem 42. Tag. Röntgen schadet zu diesem Zeitpunkt weder der hochschwangeren Katze, noch den Früchten. Je später die Röntgenaufnahme angefertigt wird, um so besser kann anhand der Skelettentwicklung und unter Berücksichtigung anderer Faktoren eine Aussage über den zu erwartenden Geburtstermin gemacht werden. Bei Angabe einer genauen Welpenanzahl ist Vorsicht geboten. Es ist nicht immer einfach und so mancher Welpe hat sich schon versteckt. Niemand ist vor Überraschungen sicher.

Ob Geburtstermin bekannt oder nicht bekannt, es macht auf jeden Fall Sinn, eine Temperaturtabelle anzulegen. Die Temperatur wird ab dem 55./56. Tag zweimal täglich gemessen und aufgeschrieben. In der Regel sinkt die Körpertemperatur 24–48 Stunden vor der Geburt auf unter 37° C, aber nicht bei allen Tieren. Sie sehen, es gibt auch hier kein »Schema F«.
Die meisten Kätzinnen nehmen kurz vor der Geburt nur noch wenig oder kein Futter mehr auf. Doch auch diese Aussage trifft nicht immer zu; Sie wissen: Die berühmten Ausnahmen.

Fang mich doch.

Geburtshilfe

Geburt und Geburtshilfe sind erst einmal dem Muttertier zu überlassen. Auch Erstgebärende wissen von Natur aus, was zu tun ist. Sie öffnen die Fruchtblase und trennen die Nabelschnur instinktiv an der richtigen Stelle. Bei ihnen blutet es in den seltensten Fällen, es muss nichts abgebunden werden. Auch ich war anfangs geneigt, zu früh einzugreifen.

Kontrolliert werden sollten bei den Kleinen die Nabelschnur sowie Kopf- und Bauchregion. Blutet es aus der Nabelschnur, ist sie abzubinden. Hier reicht durchaus ein Zwirnsfaden. Abgebunden wird ca. 1 cm von der Bauchdecke entfernt. Vorsicht: Nicht zu viel Faden stehen lassen. Der Faden regt das Muttertier zu vermehrtem Lecken an. Er stellt einen Fremdkörper dar, den es zu entfernen gilt. Ist nur die Fruchthülle sichtbar, warten Sie in Ruhe ab. In der Regel platzt sie bei der nächsten Presswehe und der Welpe flutscht heraus. Öffnen Sie sie nicht, wenn Sie nicht weiterhelfen können. Ist das Köpfchen oder der gesamte Welpe da, aber noch in der Fruchthülle, und die Kätzin reagiert nicht, reißen sie die Hülle vorsichtig auf. Dann haben Sie Zeit gewonnen und das Muttertier kann sich in Ruhe um das Abnabeln kümmern. Schaut der Welpe mit Kopf oder Beinchen aus der Scheide heraus und es geht nicht weiter, helfen Sie, indem Sie hinter das Köpfchen oder das Becken fassen und vorsichtig ziehen. Die Zugrichtung sollte immer nach oben gerichtet sein, denn hier befindet sich der weiche, nachgebende Geburtsweg. Unten liegt das knöcherne Becken.

Sind mehrere Welpen da, ist es nicht ungewöhnlich, wenn das Muttertier eine längere Pause einlegt, es muss Kräfte sammeln. Anschließend macht es meistens »Plop« und der nächste Stuben-

Ich bin der Stärkere.

Das muss ich mir genau ansehen.

tiger ist da. Denken Sie daran, durch Aufregung werden Minuten häufig zu gefühlten Stunden.
Atmet der Welpe nicht, halten Sie ihn vorsichtig unter fließendes, kaltes Wasser. Lassen Sie ruhig einen kräftigen Strahl über Nacken und Rücken laufen, aber Vorsicht: Der Winzling soll nicht ertrinken. Dann rubbeln Sie ihn, nicht zu zaghaft, insbesondere die Nackengegend ist gefragt, um die Atmung anzuregen. Röchelt der Welpe stark, hat er Fruchtwasser geschluckt. Legen Sie das Baby mit dem Rücken in Ihre Handfläche, fixieren Sie den Kopf zwischen Daumen und Mittelfinger, der Zeigefinger liegt mittig auf Kopf und Hals. »Schleudern« Sie dann den Welpen nach unten (bitte nicht loslassen!). So können Sie einen Teil des manchmal zähen Schleims entfernen.
Eine gut funktionierende Möglichkeit, um die Atmung des Zwergs anzuregen, ist, mit einer Nadel vorsichtig mittig in den Nasenspiegel zu pieken. Ertönt das erste, zaghafte Miauen ist es geschafft. Während der Geburt bitte der Kätzin frisches Wasser anbieten. Mag und verträgt sie es, reichen Sie auch etwas Milch, evtl. verdünnt und mit einer geringen Menge an Traubenzucker.

Die Nachgeburten oder zumindest einen Teil davon, sollte die Kätzin fressen. Sie sind wichtig für die Milchsekretion, auch wenn sie für uns vielleicht ekelig aussehen.
Ist man sich nicht sicher, ob die Geburt abgeschlossen ist und alle Welpen samt Nachgeburten da sind, darf man nicht zögern, eine Tierarztpraxis aufzusuchen. Eine Wehenspritze, Durchfühlen des Bauchraumes oder Röntgen, geben einem die Sicherheit, dass alles o.k. ist. Anschließend sollte Stille einkehren, Ruhe für die Babys und kein ständiger Besuch.

Ernährung der trächtigen und laktierenden Katze

Während der Trächtigkeit und Laktation steigt der Nährstoffbedarf der Kätzin bis auf das Zweifache. Gerade gegen Ende der Trächtigkeit wird das Muttertier fülliger und unbeweglicher. Große Futtermengen belasten es unnötig. Deshalb sollte nicht die Futtermenge erhöht, sondern ein energiereicheres Futter mit einem hohen Fettgehalt und einer hohen Eiweißqualität angeboten werden. Darüber hinaus ist ad libidum zu füttern. Das bedeutet, die Nahrung steht ständig zur Verfügung, die Katze kann sich das Futter selbst einteilen.

Eine Gewichtskontrolle nach dem Belegen, während der Trächtigkeit, nach der Geburt und während der Laktation ist sehr hilfreich. Im Rahmen der Trächtigkeit sollte die Kätzin, je nach Anzahl der Welpen und der Fruchtwassermenge, bis zu 50 % an Körpergewicht zulegen.
Die Ernährung ihrer Welpen schlaucht das Muttertier enorm, Körperreserven sind unbedingt notwendig. Mit Beifütterung der Zwerge beginnt man im Alter von 4 Wochen, es sei denn, es handelt sich um ein Einzelkind, dann ist es möglich, die Zufütterung etwas hinauszuschieben. Zeigt sich während der Laktation eine starke Gewichtsabnahme der Kätzin, sollte sofort mit der Beifütterung in Form von Ersatzmilch begonnen werden. Ideal ist es, wenn die Katze gegen Ende der Laktation ihr Ausgangsgewicht wieder erreicht hat.
Die Abgabe der Katzenbabys an ihre neuen Besitzer kann im Alter von 7–9 Wochen erfolgen, dann sind sie futterfest. Wichtig ist, nicht alle Welpen an einem Tag abzugeben, sondern über mehrere Tage verteilt. So wird ein Milchstau bei der Kätzin verhindert.

Kastration, das Für und Wider

Unter dem Gesichtspunkt der in Deutschland vorkommenden Katzenpopulation, der vielen wildlebenden Katzen, der vollen Tierheime, Katzen in Not und mangelnder Pflegestellen, bedarf es eigentlich keiner Frage. Das »Für« überwiegt! Natürlich ist es schön, insbesondere für Kinder, einmal die Geburt von Katzenwelpen mitzuerleben, sie heranwachsen zu sehen. Wir sind aber auch für diese kleinen Geschöpfe verantwortlich. Sie müssen nicht nur in gute Hände und nicht nur für kurze Zeit untergebracht werden, sondern für 12–14 Jahre oder länger. Sie sind niedlich und man erhält schnell eine Zusage, was die Abnahme betrifft. Aber wie häufig landen sie in Tierheimen, aus welchem Grund auch immer. Das Katzenelend ist nicht nur im Ausland enorm, sondern schon vor unserer eigenen Haustür.

Kastration der Katze

Die Kastration ist für das Tier nicht schädlich, es handelt sich um einen einfachen chirurgischen Eingriff. Er sollte nicht während der Rolligkeit durchgeführt werden. Die Entscheidung fällt häufig schwer, denn es bleibt ein operativer Eingriff an einem gesunden Tier. Es muss aber auch berücksichtigt werden, dass bei freilaufenden Kätzinnen zwei, manchmal auch drei Würfe pro Jahr fallen. Spätestens dann muss der Halter sich fragen: Wohin mit den Kleinen? An die Verantwortung gegenüber diesen Lebewesen ist zu appellieren! Weitere Argumente für die Kastration weiblicher Tiere sind das Auftreten von Dauerrolligkeiten, Hyperplasien (Vergrößerungen) der Gebärmutter und des Gesäuges oder Gebärmuttervereiterungen.

Von einer Dauerrolligkeit spricht man, wenn die Rolligkeit mehr als 6 Tage anhält.

Ursachen sind Störungen im Sexualzyklus, z.B. ständiges Heranwachsen von Follikeln oder Zystenbildungen. Die Gebärmuttervereiterung (Pyometra) betrifft meistens ältere Tiere, kann aber durchaus auch bei jüngeren Kätzinnen vorkommen. Sie wird verursacht durch Bakterien, die gegen Ende der Rolligkeit in den Uterus gelangen.

Pyometren entstehen auch durch die Verabreichung von Progestagenen, wie sie zur Unterdrückung von Rolligkeiten verabreicht werden. Besonders gefährlich ist eine Gebärmuttervereiterung, wenn die Cervix (der Muttermund) geschlossen ist. Der Eiter kann nicht über die Scheide nach außen abfließen, sie wird zu spät bemerkt. Es besteht die Gefahr einer Sepsis, des Platzens der Gebärmutter und der Entleerung des Eiters in den Bauchraum. Die hormonelle Verhinderung der Rolligkeit und somit Vermehrung der Katzen mit den schon erwähnten Progestagenen ist sicherlich möglich, aber einerseits nicht sicher und andererseits durch Auftreten von Hyperplasien und Vereiterung der Gebärmutter nicht ungefährlich. Darüber hinaus können sie durch ihren glukokortikoiden Effekt bei Kätzinnen einen Diabetes mellitus und tumoröse Entartungen der Milchdrüse hervorrufen.

Die Behandlung mit Progestagenen sollte bei

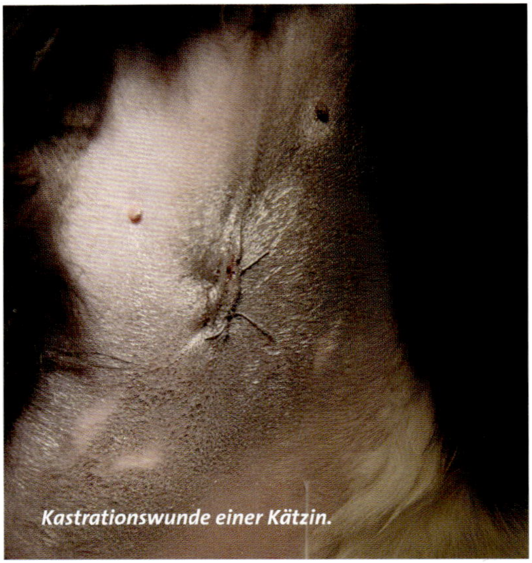
Kastrationswunde einer Kätzin.

Zuchtkätzinnen auf jeden Fall unterbleiben. Soll trotz der Risiken eine hormonelle Verhinderung der Rolligkeit erfolgen, so gibt es die Möglichkeit der Tablettengabe einmal wöchentlich oder Hormoninjektionen, die erstmals nach 3, dann nach 4 Monaten und schließlich alle 5 Monate wiederholt werden.

Bei der Tabletteneingabe muss sicher sein, dass die Katze sie tatsächlich nicht nur nimmt, sondern auch schluckt und nicht erbricht, was sich bei manchen Tieren schwierig gestaltet.

Kastriert werden die weiblichen Tiere in der Regel im Alter von 6 Monaten. Eine Kastration ist auch später zu jedem Zeitpunkt, außer wie gesagt während der Rolligkeit, möglich.

Markierender Kater.

Kastration des Katers

Nicht nur bei weiblichen, sondern auch bei männlichen Tieren überwiegt das »FÜR«. Sie tragen genauso wie die weiblichen Katzen zur Vermehrung bei. Kastrierte Kater lassen sich zudem nicht so stark auf Machtkämpfe ein, tragen weniger Verletzungen davon, entfernen sich nicht so weit von ihrem Zuhause und sind insgesamt häuslicher. Sie setzen in der Regel keine Duftmarken, was in der Wohnung ausgesprochen angenehm ist und einer massiven Geruchsbelästigung vorbeugt.

Kater kastriere ich persönlich lieber, wenn sie älter sind, mit ca. 9 Monaten. Der Kopf ist dann kräftiger und sie haben nicht ein so typisches Kastratengebäude. Spätestens aber dann, wenn sie anfangen, ihr Revier zu markieren, wird es Zeit. Der Eingriff selbst ist beim Kater einfacher als bei der Katze.

Karthäuser-Kater

Kapitel 10

Gesundheitsvorsorge

Ein Gesundheitscheck des Hausgenossen, der Hausgenossin sollte auch bei jungen Tieren und auch wenn die Katze fit ist, einmal im Jahr erfolgen. Er kann im Rahmen der jährlichen Impfungen vorgenommen werden.

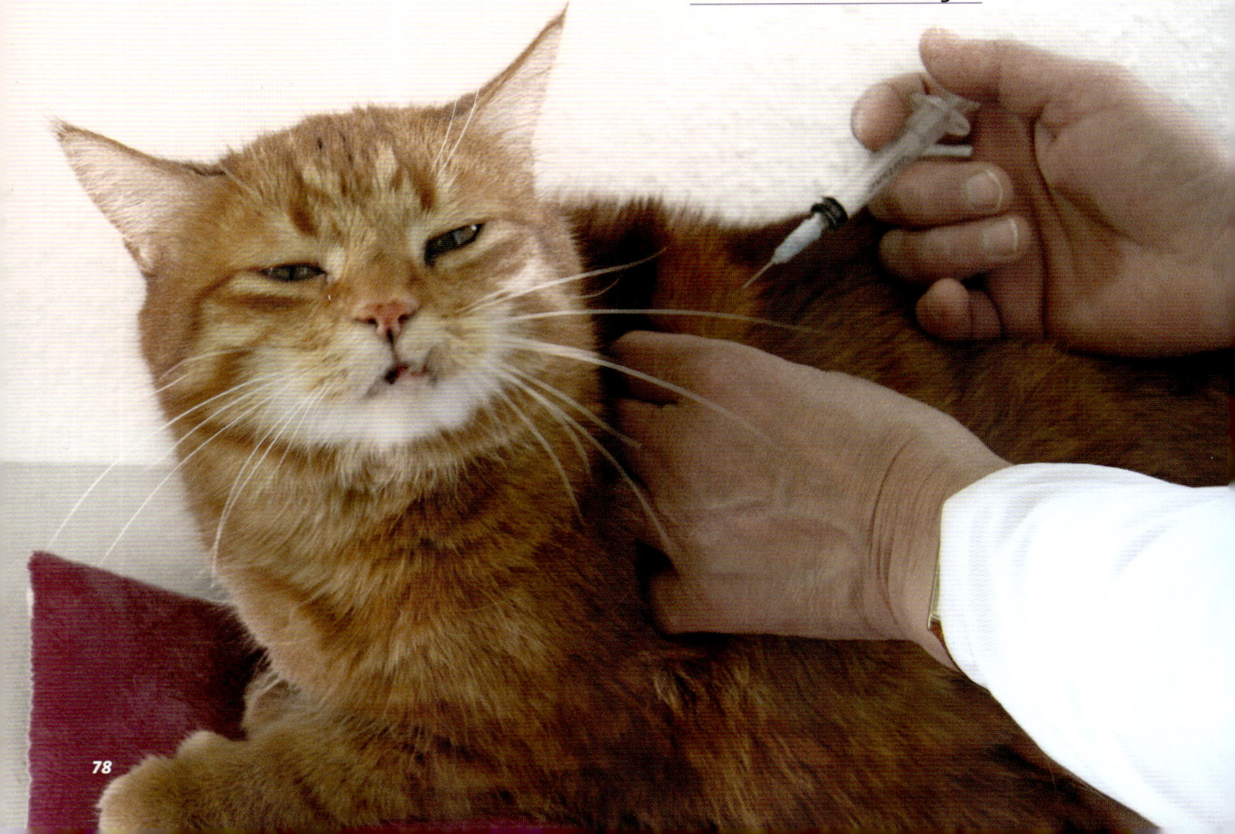

Ich will aber nicht einsteigen.

Neben der gründlichen Allgemeinuntersuchung sollte man Zähne und Ohren und bei den weiblichen Katzen das Gesäuge kontrollieren lassen. Auch eine Blutuntersuchung kann nicht schaden.

So hat man die Chance, am Allgemeinbefinden nicht auszumachende Erkrankungen frühzeitig zu erkennen und zu behandeln.

Impfungen

Manchmal denke ich, es ist zur Zeit »in«, Impfungen als gesundheitsschädigend und die Wiederholungen als »Geldschneiderei« zu bezeichnen. Was für eine Verkennung der Tatsachen!

Es gibt verschiedene Impfschemata. Man sollte sich hinsichtlich der für das einzelne Tier wichtigen und zu wiederholenden Impfungen von einer Praxis seines Vertrauens beraten lassen. Tatsache ist, dass eine Impfung nicht krank machend ist, richtig aber, dass sie eine Schwächung des Immunsystems darstellt. Eine Woche vor jeder Impfung sollte eine Wurmkur verabreicht oder eine Kotprobe untersucht werden. Dies gilt auch für reine Hauskatzen. Tiere mit einer Immundepression, wie sie u.a. durch den FeLV-Virus hervorgerufen wird, sollten erst nach Rücksprache mit dem Tierarzt geimpft werden. Sie bauen keinen ausreichenden Impfschutz auf.

Vor jeder Impfung hat eine gründliche Allgemeinuntersuchung zu erfolgen, sie ist in der Re-

gel im Impfpreis inbegriffen. Der Katzenbesitzer sollte den behandelnden Tierarzt auf Veränderungen, die ihm bei seinem Tier aufgefallen sind, vor der Impfung hinweisen. Er kennt sein Tier am besten, die Behandelnden haben nur eine Momentaufnahme. Katzen, die eine Erkrankung ausbrüten, Durchfall oder Erbrechen zeigen, dürfen nicht geimpft werden.
Eine Nebenwirkung, die häufiger vorkommt, ist das sogenannten »Impfknötchen«. Es ist ungefährlich. Die Impfstelle kann bei Berührung über einige Stunden schmerzhaft sein. Je nach Empfindlichkeit, lässt sich der Stubentiger dann nicht anfassen. Diese Reaktionen verschwinden aber innerhalb von 24 Stunden, die Impfknötchen innerhalb von 4 Wochen.

Hinsichtlich der Impfintervalle ist der Tierarzt an die Angaben der Hersteller gebunden. Die Tollwut ist nach Grundimmunisierung mittlerweile in den meisten EU-Ländern drei Jahre anerkannt. Sie ist in Westeuropa weitgehend, nicht zuletzt durch die Impfungen der Füchse, eingedämmt worden. Füchse machen aber nicht vor einem Schlagbaum halt, und in Osteuropa kommt durchaus noch Tollwut vor. Hinzu kommen unsere einheimischen Fledermäuse, die auch Tollwut übertragen können. Die Tollwut ist für den Menschen eine tödlich verlaufende Infektionskrankheit und darf auf keinen Fall vernachlässigt bzw. verharmlost werden.

Wurmkuren

Die erste Wurmkur erfolgt bei Katzenwelpen im Alter von 14 Tagen und dann, je nach Präparat, in Abständen von 8 bis 14 Tagen bis zur Abgabe. Bei einem nachgewiesenen Rundwurmbefall ist eine Wiederholung nach 2–3 Wochen angezeigt, denn von den meisten Präparaten werden nur die Würmer und Larvenstadien abgetötet, nicht aber die Wurmeier. Aus den Eiern entwickeln sich über das Larvenstadium dann wieder Würmer. Das Tier wird also nach einer einmaligen Gabe nicht wurmfrei.
Es ist zu empfehlen, Freigänger alle 3 Monate mit einem Allroundmittel gegen Rund- und Bandwürmer zu versorgen. Dieses Präparat muss auch gegen den Fuchsbandwurm wirksam sein. Wurmkuren sind ebenso bei reinen Wohnungskatzen regelmäßig (1–2 x pro Jahr) durchzuführen. Die Katzen sind häufig bereits intrauterin (in der Gebärmutter) oder über die Muttermilch infiziert worden. Später kommt es dann zur Larvenablage in der Muskulatur, Wanderung dieser Larven und Wurmentwicklung. Die nur in der Wohnung lebende Katze hat plötzlich Spulwürmer und man fragt sich woher.

Zuchtkatzen sind vor dem Belegen zu entwurmen. Sie dürfen zwar noch während der Trächtigkeit entwurmt werden, die meisten Präparate sind hierfür zugelassen, mir selbst aber widerstrebt es, eine bereits trächtige Katze noch

mit einer Wurmkur zu belasten. Hausmittelchen, wie z.B. Knoblauch oder Fütterung roher Möhren mögen »vielleicht« einen Wurmbefall reduzieren, reichen aber auf keinen Fall aus.
Es darf nie vergessen werden, dass gerade Spulwürmer auch für uns und insbesondere unsere Kinder gefährlich sind.

Floh- und Zeckenbehandlung

Floh- und Zeckenbehandlungen haben in regelmäßigen Abständen unter Berücksichtigung der Prädisposition zu erfolgen.
Im Einzelnen bin ich auf dieses Problem und die Präparate, bereits unter dem Kapitel »Ektoparasiten« (siehe Seite 25 ff) eingegangen.

Tipp:
Hinsichtlich der Wurmpräparate empfehle ich, diese in gewissen Abständen zu wechseln, da bei Gabe immer des gleichen Präparates Resistenzen nicht auszuschließen sind.

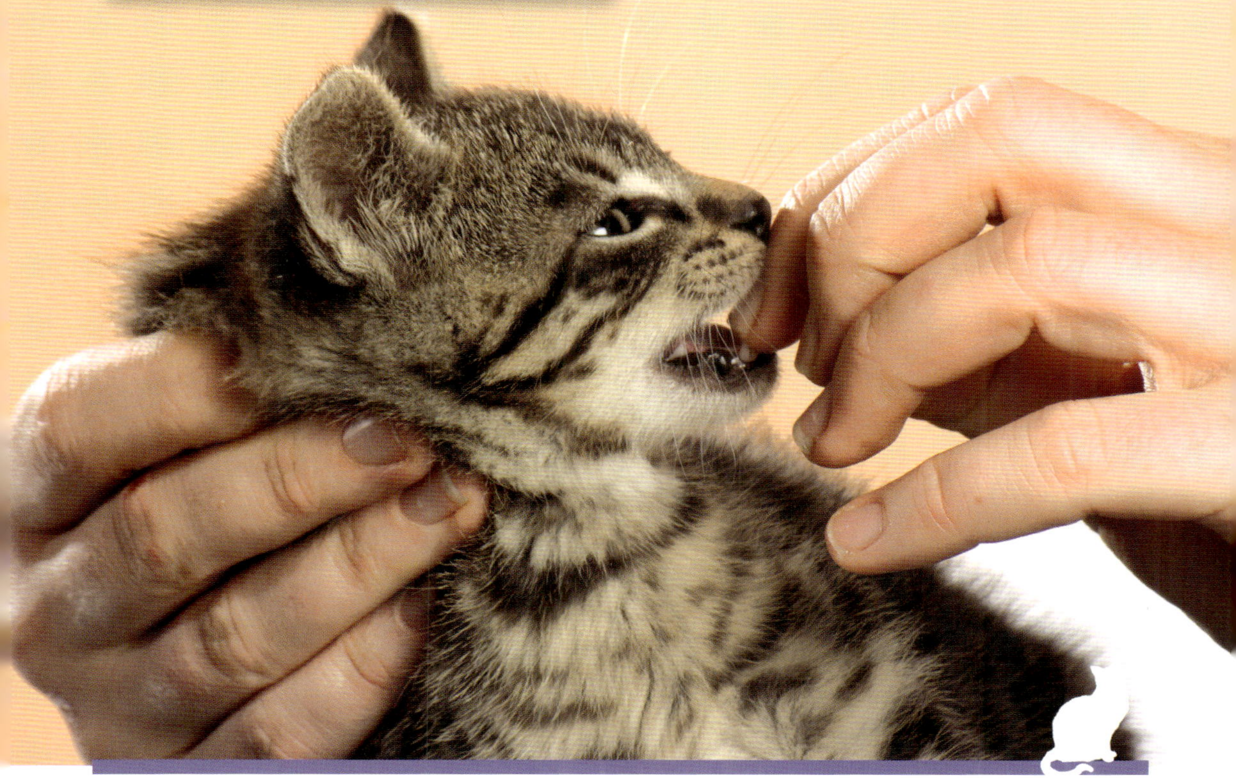

Kapitel 11

Die alte Katze

Alte Tiere, ob Katze, Hund oder Pferd, sie haben etwas Besonderes. Ich behaupte immer (bildlich gesprochen): »Sie können lesen und schreiben!«.

Sie haben sich der Familie angepasst, kennen den Tagesablauf und die Gewohnheiten eines jeden Einzelnen. Sie erkennen anhand der Körpersprache, in welcher Gemütsverfassung man sich befindet. Im Alter stellen sich aber auch die ersten Wehwehchen ein. Es geht alles etwas gemächlicher. Jetzt sind Verständnis und Fürsorge gefragt. Manchmal bedarf es des Aufstellens einer zweiten oder dritten Katzentoilette, der Weg ist nun häufig zu weit.

Das Hochheben der Beine fällt im Alter schwer.

Auf die Randhöhe derselben ist zu achten. Das Klettern fällt im Alter schwer. Der Kratzbaum sollte abgebaut werden, um Unfälle, wie sie aus Bewegungsunsicherheit entstehen können, zu vermeiden. Eventuell stellt man ein Fußbänkchen vor das Sofa oder den Lieblingssessel, damit der Ort noch problemlos erreicht werden kann.
Auch bei den Katzen geht der Alterungsprozess unterschiedlich schnell vonstatten. Manche sind mit 16 Jahren noch agil, gehen bei jedem Wetter spazieren, spielen, schlagen sich, fangen noch Mäuse. Andere liegen viel, möchten ihre Streicheleinheiten und Ruhe haben, was man akzeptieren sollte.

Viele Katzen sind im Alter aufgrund ihrer Unbeweglichkeit nicht mehr in der Lage, sich zu putzen, das Fell verfilzt. Hier bedarf es besonderer Pflege: Herausschneiden der verfilzten Stellen und regelmäßiges Bürsten. Auch Krallen und Zähne müssen kontrolliert werden. Die Krallen können nicht mehr eingezogen werden, wachsen rund und häufig in den Ballen, der sich dann entzündet. Insgesamt ein sehr schmerzhafter Prozess für das Tier. Alte Katzen haben mit vermehrtem Zahnstein und in der Folge mit Zahnfleischentzündungen zu kämpfen. Dies wird häufig erst bemerkt, wenn sie weniger fressen oder die Futteraufnahme ganz einstellen.

Von Tierärzten wird bei älteren Tieren (ab dem 7. Lebensjahr) einmal pro Jahr, egal ob Hund oder Katze, ein Gesundheitsscheck empfohlen. Ist die Katze noch topfit, sollte man solche Gesundheitschecks spätestens ab dem 10. Lebensjahr ins Auge fassen. Ein solcher Check beinhaltet eine gründliche Allgemeinuntersuchung, eine Palpation der Nieren, Kontrolle von Zähnen, Augen, Ohren und Krallen usw. und eine Blutuntersuchung mit Blutbild und Organwerten, zumindest von Leber und Niere. Verdeckte Erkrankungen sind so frühzeitig zu erkennen und es kann entsprechend gegengesteuert werden.
Auf Wunsch sind solche Checks natürlich beliebig zu erweitern.

Tipps und Tricks

Der Tierarztbesuch, ob im Krankheitsfall oder nur routinemäßig zur Impfung, stellt für die Katze immer einen hohen Stressfaktor dar. Die wenigsten Tiere fahren gerne Auto und die Tierarztpraxis ist meistens nicht gleich um die Ecke.

Versuch mich hier einmal herauszuholen.

Jetzt reicht es, gleich explodiere ich.

Transport

Hinzu kommt der Einstieg in den Transportbehälter. Bei Katzenwelpen sollte dies frühzeitig geübt werden. Sie erhalten im Katzenbehälter oder Katzenkorb Futter oder man wirft von Zeit zu Zeit einmal ein Spielzeug hinein. Das Behältnis wird so mit etwas Positivem verbunden.

Ich habe es immer wieder erlebt, dass Katzen auf dem Arm in die Praxis, evtl. noch durch ein Geschirr gesichert, gebracht wurden. Dies ist auf keinen Fall zu empfehlen, sondern fahrlässig, so lieb und ruhig das Tier auch immer sein mag. Die Katzen können sich aus irgendeinem Grund erschrecken, sei es ein Geräusch oder einen Hund, der ihnen zu nahe kommt. Sie zerkratzen ihren Besitzer, der verzweifelt versucht, sie festzuhalten, geraten in Panik und beißen zu. Spätestens dann lässt der Besitzer los. Geschieht das im Wartezimmer bei geschlossener Tür, ist dies noch das kleinere Übel. Die einfache Variante: Die Katze versteckt sich unter einem Tisch oder hinter einem Schrank, springt auf oder in ein Regal, »räumt auf«. Dann muss man »nur« alle um Ruhe bitten. Es bedarf dann noch der Geduld, des Zuspruchs und eines Quäntchen Glücks, um die Katze in einem sicheren Behältnis unterzubringen. Bis sich die ganze Aufregung gelegt hat und alle wieder glücklich sind, die Gefahren gut überstanden zu haben, vergeht eine Menge Zeit.

Es gibt aber auch andere Varianten: Die Katze springt vom Arm, ein Hund reißt sich los, wenn man Glück hat kein Jagdhund, und die Hatz geht durch die gesamten Praxisräume. Vorneweg die Katze, dahinter Hund, Tierarzt, Tierarzthelferin, Besitzer in beliebiger Reihenfolge. Die Katze geht die Wände und Fenster hoch, Frauchen und Herrchen stehen entsetzt und hilflos dabei. Der Hund fängt sich, wenn er Pech hat, eine blutige Nase, zieht sich zurück, die Katze bleibt unverletzt. Jetzt sind eine Wolldecke, ein dickes Handtuch oder ein Kescher und Ruhe gefragt. Zureden hilft nicht mehr. Häufig geht bei der ganzen Aktion einiges zu Bruch. Nach glücklichem Ausgang kann man aber in der Regel wieder lachen.

Dramatisch wird es erst, wenn das Ganze außerhalb der Praxis geschieht, das Tier sich irgendwo verkriecht, sich trotz viel Geduld und guter Worte nicht einfangen lässt oder gleich ziellos davonläuft. Alle drei Varianten habe

Auf dem Heimweg?

ich des Öfteren am eigenen Leib erfahren. Erfreulicher Weise meistens mit gutem Ausgang.

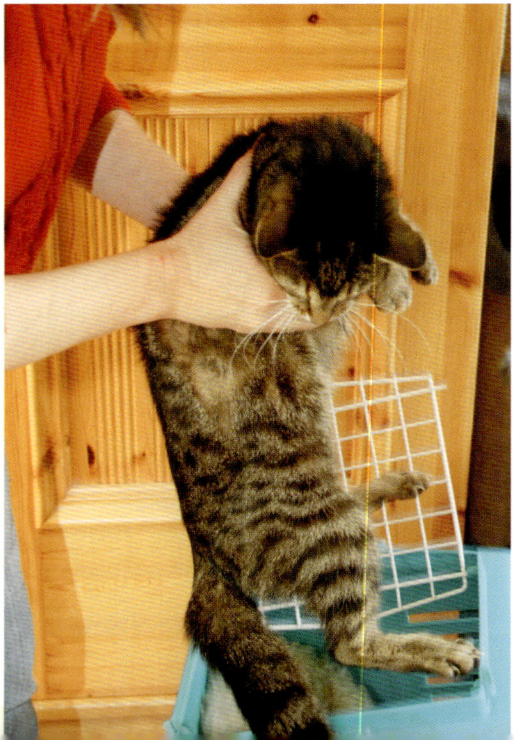

An einige Katzen kann ich mich besonders gut erinnern. Zwei sind nach Hause gelaufen, eine über 10 km. Etwas, was man einer Katze nicht so ohne weiteres zutraut. Allerdings laufen sie auch, wenn ihre Menschen umziehen, kilometerweit zur alten Wohnung zurück. Eine Katze haben wir nach 4 Monaten in der Nähe der Praxis wiederbekommen, eine andere wurde ebenfalls in der Nähe der Praxis gefunden und uns total abgemagert nach 6 Monaten, kurz vor Weihnachten, gebracht. Laut ihrer Besitzer das schönste Weihnachtsgeschenk, das sie je erhalten haben.

Das Verbringen einer Katze in ein Transportbehältnis ist nicht immer ganz einfach. Macht die Katze Schwierigkeiten beim Einstieg, setzt man sie mit dem Hinterteil zuerst in das Behältnis. Meistens kommt dann weniger Angst auf.

Ein Trick:
Man stellt das Behältnis hochkant und lässt die Katze dann mit den Hinterläufen zuerst hineingleiten. Alles aber bitte ohne Gewalt, sonst hat man es schnell verspielt und der Stubentiger wird zur Wildkatze.

Die Auswahl an Katzenkörben oder Katzenkäfigen ist vielfältig. In einem Katzenkorb mag sich der Stubentiger zwar wohler und sicherer fühlen, weil er bis auf eine kleine Öffnung rundherum umschlossen ist. Stress gibt es mit ihm aber in der Tierarztpraxis, wenn ängstliche Tiere auch mit Leckerchen und guten Worten nicht zum Aussteigen zu bewegen sind. Bei großen Körben hat man meistens zu kurze Arme, um die Katze herauszunehmen – oder man bekommt gleich Schläge und fasst besser nicht hinein. Handschuhe sind eine Möglichkeit, wenn sie sicher

Mir macht eine Transportbox keine Angst.

So können sich Frauchen und Herrchen vor meinen Krallen schützen.

sein sollen, jedoch sehr dick und man hat in ihnen wenig Gefühl. Will man die Katze herausschütteln, bemerkt man erst einmal, dass sie vier Pfoten hat und sich hervorragend in dem Korbgeflecht festkrallen kann.

Steht man vor einer Neuanschaffung, ist eine Katzenbox zu empfehlen. Die Box sollte einfach zusammen- und auseinanderzubauen sein. Wichtig ist auch ein Ausstieg nach oben, so dass es keine Probleme beim Herausheben ängstlicher oder schlagfreudiger Katzen gibt. Generell sind die Verschlüsse und Gitter der Behältnisse vor dem Verlassen der Wohnung und der Praxisräume genau zu überprüfen. So ist man sicher, dass sie richtig zusammengebaut sind. Wir haben es des Öfteren erlebt, dass beim Anheben einer Box die Katze auf dem Boden landete.

Steht kein geeignetes Behältnis zur Verfügung, es muss aber dringend eine Praxis aufgesucht werden, z.B. mit einem schwer verletzten Fundtier, hilft man sich am besten mit einem Kopfkissenbezug. Die Katze wird hineingelegt, der Bezug zugebunden. Das ist nicht die feine englische Art, aber in diesem Fall heiligt der Zweck die Mittel und das Tier ist verhältnismäßig sicher untergebracht.

Haben Sie eine ängstliche oder wenig kooperative Katze, sagen Sie es bitte vor der Behandlung, dann kann man sich als Behandelnder darauf einstellen. Bedenken Sie auch, dass sich Ihre Aufregung auf das Tier überträgt, also möglichst Ruhe bewahren, nicht mit Zwang festhalten. Gerät die Katze erst einmal in Panik, hat man verloren.

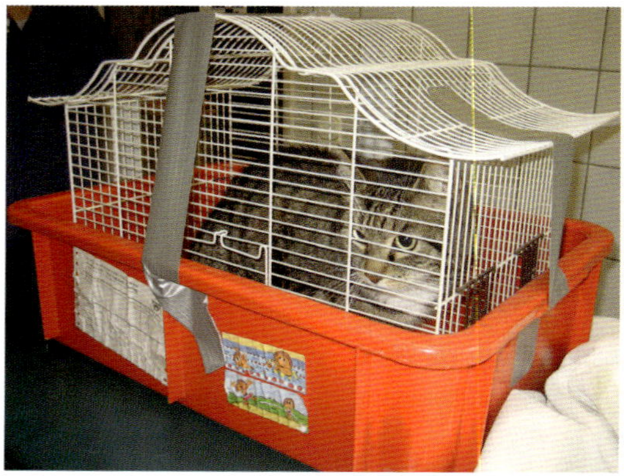

Zur Not tut es auch ein Vogelkäfig ...

Ich bin ein Gourmet.

Im Gegensatz zum Hund ist eine Katze schwierig zu fixieren, und auch ein Maulkorb ruft nur Panik hervor. Reden Sie mit Ihrer Katze und streicheln Sie sie. Am einfachsten ist eine Katze zu behandeln, wenn sie Vertrauen zu ihrem Besitzer hat. Ein vorsichtiges, rhythmisches Klopfen auf die Stirn beruhigt die meisten Katzen und man kann sie in Ruhe untersuchen und, wenn nötig, spritzen. Das Verbringen in das Transportbehältnis mag zu Hause ein Problem sein, in der Praxis, nach abgeschlossener Behandlung, ist es das selten. Die Katze wird in der Regel vor die Öffnung gesetzt und man kann nur noch staunen, wie schnell sie sich in Sicherheit bringt.

Tabletteneingabe

Ist der Tierarztbesuch gut überstanden, geht es zu Hause mit der Medikamentenverabreichung weiter, seien es nun Wurmkuren oder Antibiotika in Tablettenform oder als Saft. Einfach ist das bei den wenigsten Stubentigern. Die erste Maßnahme erfolgt, indem das Medikament in etwas besonders Leckerem versteckt wird. Dazu ist herauszufinden, was die Katze besonders gerne mag. Manche Katzen sind ausgesprochene Gourmets. Bei dem einen Tier ist es einfache Leberwurst, bei dem anderen Thunfisch, Gehacktes oder Vitaminpaste. Sehr beliebt sind auch Hähnchen, etwas Sahne oder Ei. Gut geht es meistens, wenn man die Tabletten teilt, in etwas Butter einpackt, den Fang der Katze leicht öffnet, das Fettkügelchen auf ihren Zungengrund legt und den Fang vorsichtig zuhält.

So schützt mich Frauchen vor einem aufgekratzten Hals.

Sonstiges

Manche Wunden und Ekzeme, insbesondere im Halsbereich, heilen schlecht oder gar nicht ab. Ein Kragen hilft in diesen Bereichen nicht, sondern scheuert zudem und macht die Katze nicht besonders glücklich. Häufig passiert es auch, trägt die Katze einen Halskragen, dass sie hängen oder, was noch schlimmer ist, mit den Pfoten darin stecken bleibt.

Eine Katze, die einen Kragen trägt, sollte man möglichst nicht alleine lassen oder erst, wenn sie sich an ihn gewöhnt hat.

Auch hier gibt es einen kleinen Trick, der bei den meistens Katzen funktioniert. Man nimmt einen passenden, ausrangierten, sauberen Socken, schneidet zwei Löcher hinein und zieht ihn der Katze an.

Notfallset

Ein Notfallset für die Katze sollte enthalten:

- *Mullbinden, ca. 4 cm breit*
- *1–2 Mullkompressen*
- *1 Pflasterrolle, ca. 1,5 cm breit*
- *Watte*
- *Schere*
- *Zeckenzange*

Sinnvolle Erweiterung:

- *Ein leichtes, für Katzen verträgliches Desinfektionsmittel, ohne Jod (auch sinnvoll für den Katzenbesitzer)*
- *eine Wund- und Heilsalbe, z.B. Ringelblumensalbe, Bepanthen- oder Lebertransalbe*
- *Arnika-Kügelchen*
- *Traumeel-Tabletten*

Giftiges

- *Zecken- und Flohmittel für den Hund sind die häufigste Vergiftungsquelle! (Bei Aufnahme besteht Lebensgefahr.)*
- *Frostschutzmittel*
- *Düngemittel*
- *Streusalz*
- *Rattengifte*
- *Schneckenkorn*
- *Haushaltsreiniger*
- *Gartenpflanzen wie z.B.: Goldregen, Jasmin, Oleander, Ginster, Wandelröschen, Hortensien, Iris, Lupinien, Osterglocken*
- *Zimmerpflanzen wie z.B. Alpenpfeilchen, Amaryllis, Azaleen, Chrysanthemen, Efeu, Kroton, Gummibaum*

Schlussbemerkung

Dieses Buch soll Ihnen dabei helfen, die ersten Anzeichen einer Krankheit zu erkennen, entsprechend damit umzugehen und so für das Wohlbefinden Ihrer Katze zu sorgen. Ich habe mich bemüht, meine langjährige tierärztliche Erfahrung einzubringen, auf Gefahren aufmerksam zu machen und einige Tipps zu geben. Tipps und Tricks gibt es sicherlich noch eine ganze Reihe, aus Platzgründen konnte ich aber nur einige mir wichtig erscheinende hier aufführen.

Danksagung

Bedanken möchte ich mich an dieser Stelle besonders bei
Petra Krivy, für ihre Unterstützung und zahlreichen Tipps.
Dr. Constanze Carstens-Beste und **Inge Hübner**, die mir ihre Katzenbilder zur Verfügung gestellt haben.
Dank aber auch denjenigen, deren Katzen ich fotografieren durfte, besonders dem geduldigen Keks, der gut mitgespielt hat, seiner Besitzerin **Kathrin** und **Lilo Kienelt**, die mit ihren Katzen noch eingesprungen ist.
Nicht zu vergessen, **Sabine** und meine Vierbeiner: Danke für Eure Geduld!

Quellen und Tipps zum Weiterlesen

Horzinek, Marian Christian/Schmidt, Vera/Lutz, Hans
Krankheiten der Katze
Enke Verlag Stuttgart, 2005

Wolff, Hans Günter
Unsere Katze – gesund durch Homöopathie
Sonntag Verlag Stuttgart, 2005

Kraft, Wilfried R. M./Dürr, Ullrich M.
Katzenkrankheiten
Verlag Schaper Hannover, 2003

Dr. Annette Thomée ist Fachtierärztin für Kleintiere. Sie studierte an der Universität Gießen und der Tierärztlichen Hochschule Hannover. Dr. Annette Thomée blickt auf über 30 Jahre tierärztliche Erfahrung mit Katzen in eigener Praxis und Klinik zurück. Zu ihrem Haushalt gehören neben diversen Samtpfoten auch vier übrig gebliebene Hunde, Ponys, Pferde, Schildkröten und Vögel. Besonders am Herzen liegt der Tierärztin die Aufzucht und gute Unterbringung mutterloser Tiere. Bei verletzten oder mutterlosen Wildtieren ist deren medizinische Versorgung, Pflege und Aufzucht wichtig, noch wichtiger ist allerdings deren Rückführung in die Natur.

Unsere E[illegible]reihen au[illegible]n Blick

Die Reitschule

Heinrich Bergmann-Scholvien, **Arbeit an der Doppellonge**, ISBN 978-3-275-01805-5
Urte Biallas, **Bodenarbeit**, ISBN 978-3-275-01708-9
Kerstin Diacont, **Grundkurs Sitz und Hilfen**, ISBN 978-3-275-01707-2
Kerstin Diacont, **Dressur für Fortgeschrittene**, ISBN 978-3-275-01749-2
Angelika Schmelzer, **Pferde erziehen**, ISBN 978-3-275-01709-6
Angelika Schmelzer, **Reiten im Gelände**, ISBN 978-3-275-01748-5
Britta Schön, **Hufschlagfiguren und Lektionen E bis A**, ISBN 978-3-275-01728-7
Britta Schön, **Mein erster Turnierstart**, ISBN 978-3-275-01777-5
Sabine Schweickert, **Fahren für Einsteiger**, ISBN 978-3-275-01803-1
Viviane Theby, **So lernen Pferde**, ISBN 978-3-275-01804-8
Sigrid Weppelmann/Sandra Mensmann, **Longieren**, ISBN 978-3-275-01727-0
Sigrid Weppelmann, **Basispass Pferdekunde**, ISBN 978-3-275-01750-8
Inga Wolframm, **Angstfrei reiten**, ISBN 978-3-275-01729-4
Inga Wolframm, **Springen für Einsteiger**, ISBN 978-3-275-01776-8

Die Hundeschule

Annegret Bangert, **Begleithundprüfung**, ISBN 978-3-275-01779-9
Ann-Sophie Griebel, **Clicker-Training**, ISBN 978-3-275-01714-0
Micaela Köppel, **Spiel und Spaß für jeden Tag**, ISBN 978-3-275-01732-4
Petra Krivy/Ann-Sophie Griebel, **Ein Hund aus zweiter Hand**, ISBN 978-3-275-01780-5
Petra Krivy/Angelika Lanzerath, **Was ein Welpe lernen muss**, ISBN 978-3-275-01689-1
Petra Krivy/Angelika Lanzerath, **Hunde verstehen**, ISBN 978-3-275-01756-0
Petra Krivy/Angelika Lanzerath, **Einfach gut erzogen**, ISBN 978-3-275-01731-7
Petra Krivy/Angelika Lanzerath, **So geht's nicht weiter**, ISBN 978-3-275-01713-3
Petra Krivy/Angelika Lanzerath, **Mein Hund im Flegelalter**, ISBN 978-3-275-01810-9
Uta Reichenbach/Tanja Sinner, **Agility**, ISBN 978-3-275-01660-0
Uta Reichenbach/Gabriele Lehari, **Sinnvolle Beschäftigung**, ISBN 978-3-275-01645-7
Monika Schaal/Ursula Breuer, **Komm zu mir!**, ISBN 978-3-275-01623-5
Monika Schaal/Ursula Daugschieß-Thumm, **Lockere Leine**, ISBN 978-3-275-01621-1
Julia Schuster/Jochen Schleicher, **Dog Frisbee**, ISBN 978-3-275-01755-3
Beate Schwarz, **Dummy-Training**, ISBN 978-3-275-01690-7
Manuela van Schewick, **Apportieren mit Spaß**, ISBN 978-3-275-01754-6
Christiane Wergowski, **Alleine bleiben**, ISBN 978-3-275-01659-4

happy cats

Nina Ernst, **Willkommen Katze**, ISBN 978-3-275-01781-2
Nina Ernst, **Zufriedene Stubentiger**, ISBN 978-3-275-01760-7
Gabriele Müller, **Miau – Katzensprache richtig deuten**, ISBN 978-3-275-01782-9
Gabriele Müller, **Katzenspiele**, ISBN 978-3-275-01811-6

Jedes Buch mit 96 Seiten,
ca. 80 Abb., broschiert,
je € 9,95/sFr 18,90/€(A) 10,30